今日からモノ知りシリーズ

トコトンやさしい

半導体パッケージとプリント配線板の材料の本

半導体パッケージやプリント配線板はその多様化、高機能化、環境への配慮などが進み、次々と新しい基板材料が登場している。本書ではそれらについて、製造工程で使われるプロセス材料なども含めて、基礎知識、技術動向、特性、将来展望などをやさしく紹介する。

髙木 清・大久保 利一・山内 仁・長谷川 清久・村井 曜

B&Tブックス
日刊工業新聞社

はじめに

情報処理システムとして、クラウドコンピュータ、エッジコンピュータなど、高度なシステムが開発され、AI、ビッグデータ処理などの社会システムが一般化しており、ますます巨大化しています。そのほか、自動運転、ロボット、IoT、5G、6Gなどのシステムに高度の精細さが求められているのが現状です。

それらの情報処理システムを動作させる電子機器・装置類は、半導体素子が中枢となっています。ここでは先端半導体素子が使われ、さらに重要な部品をプリント配線板に搭載・接続し、順次大きな装置・システムへと構築する、実装階層により構成されていきます。この間の過程で、パッケージ基板、システムプリント配線板等を見ますと、これらを作るための材料として、金属材料、絶縁材料、そして部品を接続するはんだなどの接続材料が使われています。さらに、これらを作り上げるために、実際に製品には残らない無数のプロセス材料も製造工程で使用されています。

これらシステムの理解のために、これまで本シリーズに「トコトンやさしいプリント配線板の本」、「トコトンやさしい半導体パッケージ実装と高密度実装の本」を上梓致しました。本書はその3番目にあたるもので、使われる材料についての記述を中心としたものです。

半導体パッケージ基板やプリント配線板に使われる導体の金属材料、これを支える絶縁材料、部品を接続するはんだ材料等を使用するＩＣＴ機器の実装技術は長年の間に大きく進展しております。特に半導体デバイスのノードが微細化し、半導体デバイスがチップレットの時代となり、材料システムもこれに応じて進展し、複雑化をたどっております。これらの実装技術を理解するために、実装に用いられる材料、それらを作り上げるためのプロセス材料を十分に理解することは大変重要なことです。本書では、このような実装技術の進歩に伴って高度化している材料について、できる限り記述するように努めております。

しかし、実装用の材料はこのように非常に多岐にわたるため、前著2冊の執筆陣に加え、電子機器に使用される有機絶縁材料に精通している村井氏に参加を頂き、より広い視野での情報を収集し、充実した内容とすることを図りました。

本書が関係する皆様方のお役に立つことであれば、望外の喜びでございます。今後とも、読者の皆様方のご指導ご鞭撻を賜りますよう、お願い申し上げます。

２０２３年５月吉日

執筆者代表　髙木　清

トコトンやさしい

半導体パッケージとプリント配線板の材料の本

目次

目次 CONTENTS

第1章 半導体と電子部品と実装基板

第2章 実装技術を取り巻く電子業界の動向

第3章 実装技術に関わるエレクトロニクスの基礎知識

第4章 基板の設計と製造プロセス

第5章 基板を構成する材料

第6章 製品として残らないプロセス材料

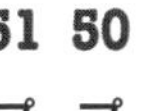

第7章 新しいプロセスと材料

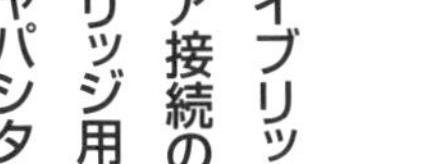

第8章 これからの実装技術

第1章 半導体と電子部品と実装基板

1 半導体と電子部品

能動素子と受動素子

電子部品は、大別すると**表1**のように能動素子と受動素子に分類されます。一般的に半導体は能動素子をさします。受動素子は、それ自身では電気信号の変化はもたらしませんが、様々な電子部品と組み合わせることで、必要な機能を実現するもので、電子部品を搭載するベースとなるプリント配線板、モジュール間を接続するケーブルやコネクタ、そして、LCRと言われるインダクタ、コンデンサ、抵抗素子などが含まれます。一方、半導体は、**図1**に示すようなテクノロジーで開発され、その時代の先駆的な製品に適用されています。半導体素子は、その機能により**表2**のような種類があります。大きくはロジックとアナログに分類されます。デジタル・デバイスは、アナログ信号を「01」の2値にデジタル化したデータで演算する半導体です。演算の役割により様々な種類があり、スマートフォンやPCの頭脳となっている汎用MPUやASIC、データ記憶のためのDRAMやフラッシュなどのメモリ・デバイスがあります。一般的に半導体とはこのロジック・デバイスをさしており、私たちの生活を豊かにするスマホやPCの機能はこれによるものです。

一方で、私たちの身近にある音、光や痛みなどのように強弱で感じるものをアナログと言います。アナログ信号をアナログの状態で処理するデバイスをアナログ・デバイスと言い、増幅機能を持つアンプ、センサ等があります。アナログ処理では、外来ノイズを拾ってしまう欠点があり、A／Dコンバータなどを通してデジタル信号に変換して処理する方式が一般的です。このほか、CD／DVDのためのレーザダイオード、カメラのCMOSセンサ等の光半導体、EVや電車に搭載されているパワーデバイスもあります。このように電子部品と言っても、用途により様々な部品がありますが、それらの機能はプリント配線板上で組み合わされて能力発揮できるのです。

要点BOX
- ●電子部品には能動素子と受動素子がある
- ●電子部品の能力発揮にはプリント配線板が不可欠

表1　電子部品の種類

電子部品の種類		部品例
受動素子		コンデンサ、抵抗、インダクタ、コネクタ、ソケット、プリント配線板、ケーブル　など
能動素子（半導体素子）	ロジック・デバイス	汎用MPU、CPU、専用ASIC、ASSP、FPGA、GPU、GPGPU　など
	メモリ・デバイス	DRAM、SRAM、フラッシュメモリ　など
	アナログ・デバイス	アンプ、センサ、A/Dコンバータ、D/Aコンバータ　など
	パワーデバイス	ダイオード、IGBT、SiC、GaN、Ga_2O_3　など
	光半導体	LED、レーザダイオード、CCD/CMOSセンサ　など

図1　半導体テクノロジーの変遷と利用製品の例

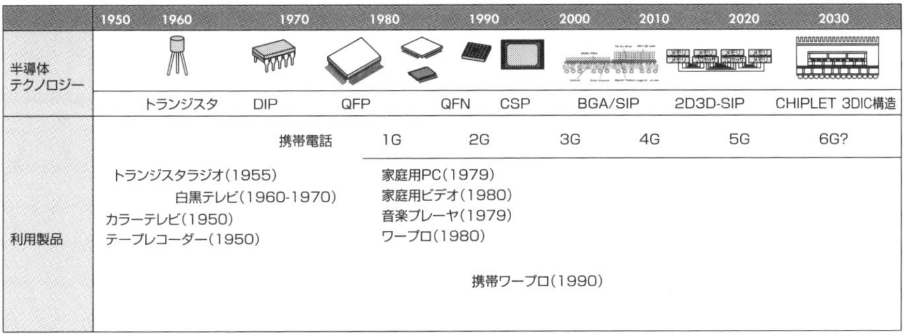

1950　1960　1970　1980　1990　2000　2010　2020　2030

半導体テクノロジー

トランジスタ　DIP　QFP　QFN　CSP　BGA/SIP　2D3D-SIP　CHIPLET 3DIC構造

利用製品

携帯電話　1G　2G　3G　4G　5G　6G?

トランジスタラジオ（1955）
白黒テレビ（1960-1970）
カラーテレビ（1950）
テープレコーダー（1950）

家庭用PC（1979）
家庭用ビデオ（1980）
音楽プレーヤ（1979）
ワープロ（1980）

携帯ワープロ（1990）

表2　主な半導体素子の種類

回路の種類		名称
ロジック回路	論理演算デバイス	汎用MPU：Micro Processing Unit
		組み込みCPU：Embedded Central Processing Unit
		ASIC：Application Specific Integrated Circuit
		ASSP：Application Specific Standard Product
		FPGA：Field Programmable Gate Array
		GPU / GPGPU：Graphics Processing Units/ General-Purpose Computing on Graphics Processing Units
	メモリ・デバイス	DRAM：Dynamic Random Access Memory
		SRAM：Static Random Access Memory
		フラッシュ・メモリ：Flash Memory
アナログ回路ほか	アナログ・デバイス	アンプ
		センサ
		A/Dコンバータ、D/Aコンバータ
	パワーデバイス	IGBT：Insulated Gate Bipolar Transistor
		SiC（炭化ケイ素）
		GaN（窒化ガリウム）
		Ga_2O_3（酸化ガリウム）
	光半導体	LED：Light Emitting Diode
		レーザダイオード
		CCD光センサ
		CMOS光センサ

2 半導体パッケージの構成

パッケージ形態と材料の変化

半導体パッケージ（PKG）形態の変遷を図1に示します。DIPやQFPでは、リードフレームが用いられます。リードフレームは、「鉄ｰニッケル」や銅合金の薄い金属板を、プレスまたはエッチングで、図2のように多数のリードが固定された形状に加工したものです。ICチップは中央部（ダイパッド）にダイボンド材で回路面を上にして載せて接着、ICのアルミパッドとリードフレームのインナーリードを金線でワイヤボンディング（WB）します。ICチップと接合部はエポキシ樹脂で封止します。QFPは外部接続用リードが4方向でPKG端よりも外に突出した構造です。高密度化のためリードレスのQFNが開発されました。また、より多ピン化するためにはBGAが用いられます。BGAではリードフレームに代わり、図3のような有機基板や再配線層（RDLと呼ぶ）基板で端子引き出しを行います。チップ実装方式は、これまでのWB方式に代わって、多信号の引き出しに有利となる回路面を下にしたフリップチップ（FC）実装が採用されています。

先端PKGでは、多ピン・狭ピッチ・高集積の要求があり、図4のように半導体チップを複数実装するシステムインパッケージ（SiP）技術が開発され、2次元を超える3次元実装として、各社様々な実装方式の違いを2.1D、2.5D、…などの呼称名で実用化しています。図4(a)のHBMでは、複数のメモリチップを上下に積層接続するTSVという技術で3D実装されています。

基板材料では、搭載チップの増加により、アルミナや窒化アルミなどのセラミックス系から大型化が容易な有機材料が使われています。また、多ピン狭ピッチ接続対応のため、半導体と物理的に相性が良く微細化が可能なSiやガラス材料と有機材料を複合的に組み合わせた基板なども実用化されています。

要点BOX

- ●DIP、QFPからBGA、FC実装へ
- ●先端技術ではSiP技術開発が進む
- ●低損失・低熱膨張有機材料なども実用化

図1　パッケージ形態の変遷

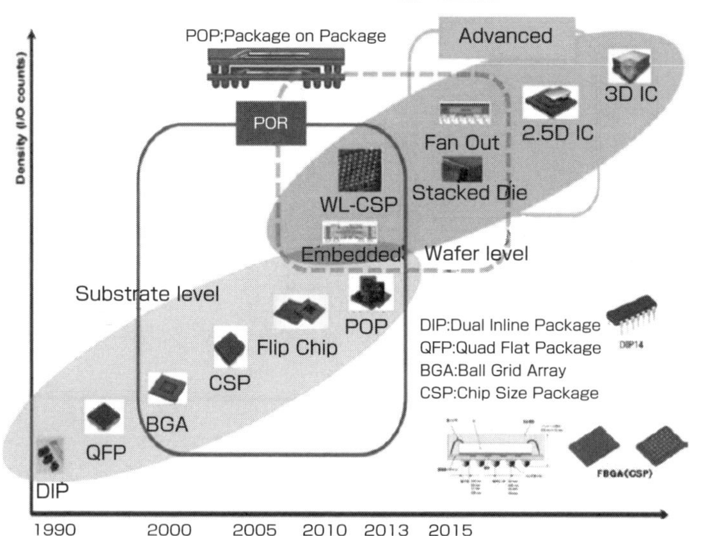

〔出典:西田秀行;エレクトロニクス実装学会誌,Vol.22,No.7,pp.597,図5(2019)〕

図2　QFPの構造

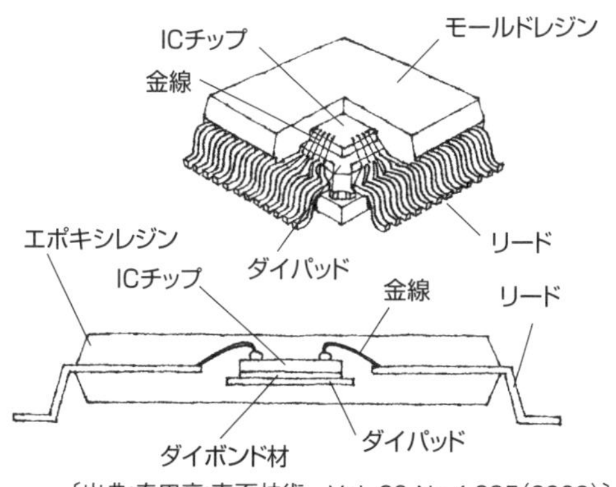

〔出典:春田亮;表面技術　Vol. 60 No.4,225(2009)〕

図3　FCBGA,WO-WLP構造例

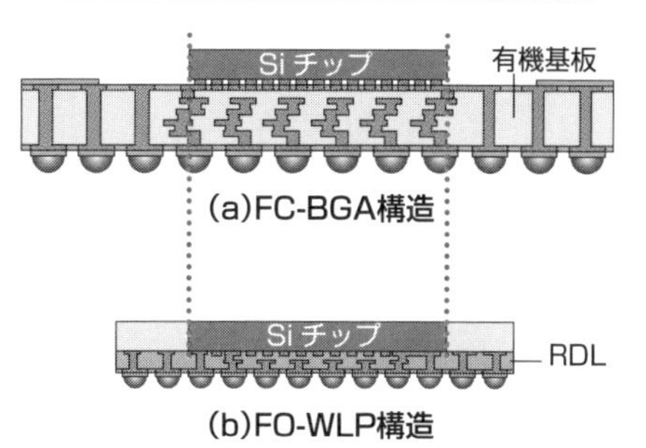

〔出典:システムインテグレーション実装技術委員会;エレクトロニクス実装学会誌,Vol.23,No.1,pp.42,図5(2020)〕

図4　TSV技術を適用した3D、2.5D実装技術

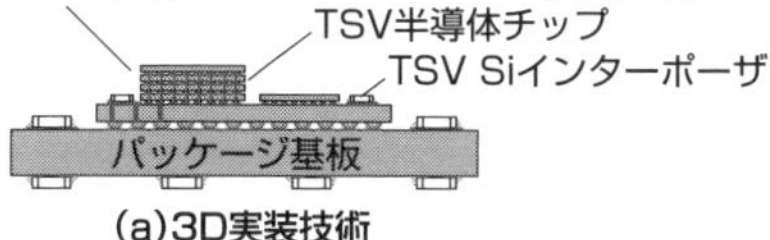

〔出典:システムインテグレーション実装技術委員会;エレクトロニクス実装学会誌,Vol.23,No.1,pp.42,図7(2020)〕

3 半導体の実装方法

チップ実装方法と搭載基板材料

半導体チップは、後工程でパッケージ内部に実装されます。チップの実装方法には2つの方式があります。

①回路面を上にしてパッケージ基板にダイボンディングするワイヤボンディング法(図1)：チップ上面のパッドとパッケージ基板のパッドを金などの細線で接続します。

②回路面を搭載面に向けて反転し、回路面から実装するフリップチップ法(図2)：チップ回路の端子と接続バンプを介してパッケージ基板の端子に接続します。この方式では、多数の信号接続が可能で、インダクタンスが小さく、チップ裏面から直接熱冷却が可能で、高機能デバイス向けでは主流の実装方式となっています。端子とパッケージの接続には、各種はんだや銅、金などが使われます。チップと基板間の接合が電極のみでは強度が足りない場合には、半導体チップと基板の間に液状またはフィルム状のアンダーフィルが用いられます(41、53項参照)。

パッケージ基板材料は、有機、セラミックス、シリコンおよびガラス等があり、屈曲性が必要なウェアラブル機器向けでは、フレキシブル基板、伸縮性が必要な機器では伸縮性基板などが採用されています。それぞれの一般的な特徴を表1に示しました。

半導体チップ実装で重要な点は、実装するチップや基板材料の耐熱温度、および信号接続に用いられる導電材料の融点を考えて、最適な実装プロセスを選択することです。複数チップの場合には、先に実装するチップから次の実装へと接続材料の融点を段階的に低くする、実装の温度階層が重要です。

なお、先端半導体では、複数のチップを組み合わせて実装するチップレット技術が実用化されました。高速・高機能化のために、多ピンの狭ピッチ接続を実現するため、要求コストと機能のバランスを採る、最適な実装技術が開発検討されています。

要点BOX
- ●半導体チップの実装方法には、ワイヤボンディング法とフリップチップ法がある
- ●搭載する基板材料では温度階層が重要

図1　ワイヤボンディング法

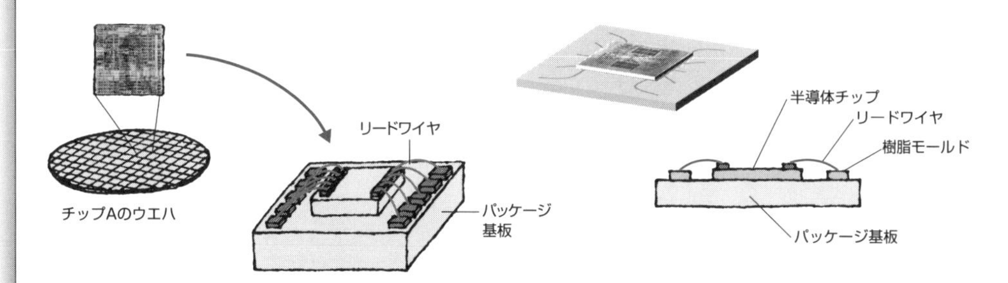

図2　フリップチップ法

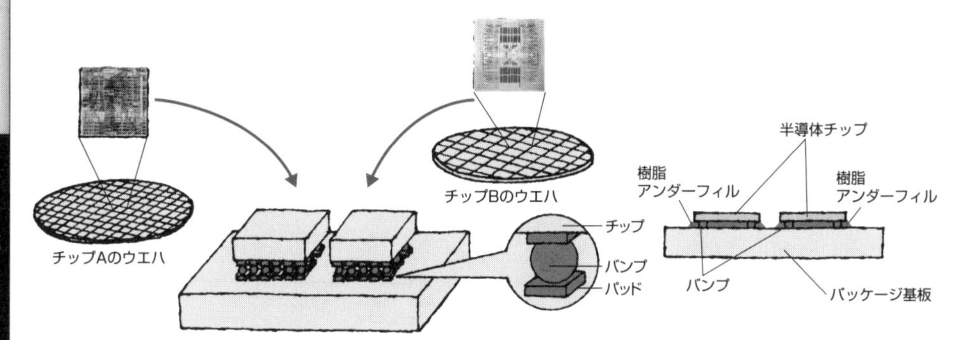

表1　半導体パッケージ搭載基板材料の主な特徴

【凡例】◎非常に良い、○良い、△得意でない

種類	基板材料	高周波特性	耐熱性	多層化	微細化	機械剛性	伸縮性	コスト	大型化
リジット系	リードフレーム	○	○	△	△	◎	△	◎	△
	有機樹脂	◎	○	◎	○	○	△	○	◎
	セラミック	△	◎	◎	△	◎	△	△	△
	シリコン	△	○	○	◎	○	△	△	△
	ガラス	◎	○	○	○	○	△	○	○
フレキシブル系	ポリイミド	○	○	○	○	○	○	△	○
	伸縮性材料	△	△	△	△	△	◎	○	◎

(上表はあくまで目安です。材料だけでは優劣はつけられないため、プロセスも重要です。)

4 プリント配線板の構成と分類

片面板、両面板、多層板

プリント配線板は導体材料と絶縁材料で構成されています。リジッドとフレキシブルのプリント配線板があり、絶縁基板上に導体パターンを形成しています。

プリント配線板は導体層数により分類されます。

(1)1層プリント配線板(片面板)

図1(a)に示したように、絶縁基板の片面のみに導体パターンを形成したものです。リジッド基板またはフィルムの片面に導体パターンや部品を実装するパッドを形成し、リードを挿入する部品の穴を開けます。この板はパターン密度が限られ、比較的安価な機器に用いられ、安価な材料が使用されています。

(2)2層プリント配線板(両面板)

同図(b)のように、基板の両面に導体パターンを形成したものです。両面の導体を接続するために、①穴の中に電線を挿入、②はと目挿入、③導電性ペーストのコーティングや充填で接続する方法と、同図(c)のように穴内部にめっきを行い接続するめっきスルーホール基板があります(25項参照)。(b)の方法は多くの人手が必要で、また信頼性に問題があるため、多くはめっきスルーホール法が使用されます。

(3)多層プリント配線板(多層板)

同図(d)のように絶縁基板の表面と基板内部に導体パターンを形成したものです。内外の導体パターン接続は、めっきスルーホール法で行います。この方法は両面基板にも適用され、現在、最も普及しています。めっきスルーホール法に基礎をおいたビルドアップ法は配線の自由度が高く、微細化にも対応できて広く使用されています(26項参照)。また、多層プリント配線板は、半導体パッケージ基板への拡張適用が進んでおり、新しい材料やプロセスの開発が進められています。

要点BOX

- ●プリント配線板は導体層数により分類されている
- ●片面板、両面板、多層板があり、多層板が最も普及している

図1　プリント配線板の構成と分類

1層導体

リジッド ―― 片面基板
フレキシブル ―― 1メタル層板（2層式、3層式）

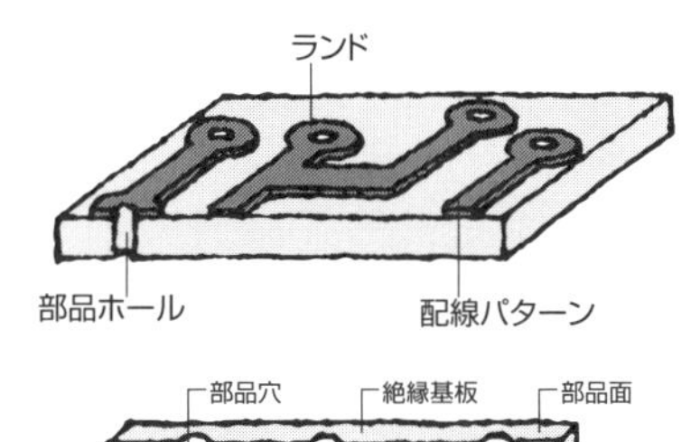

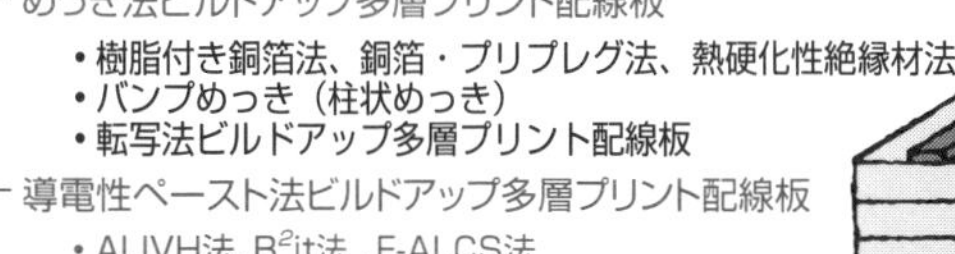

(a)片面プリント配線板

2層導体

リジッド ―― 両面板
- めっきスルーホールプリント配線板
- 金属ペーストスルーホールプリント配線板

フレキシブル ―― 2メタル層板

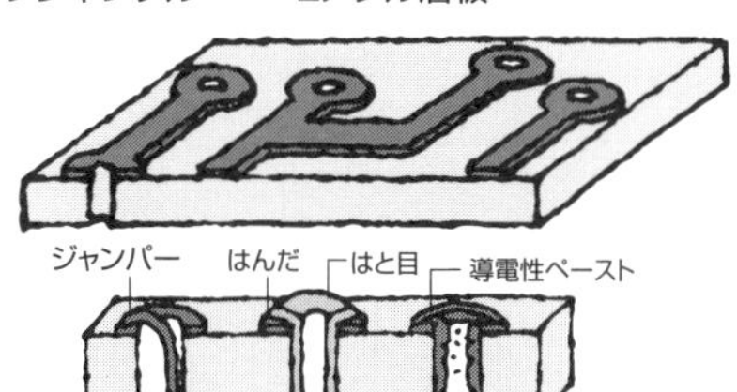

(b)両面プリント配線板（接続なし）

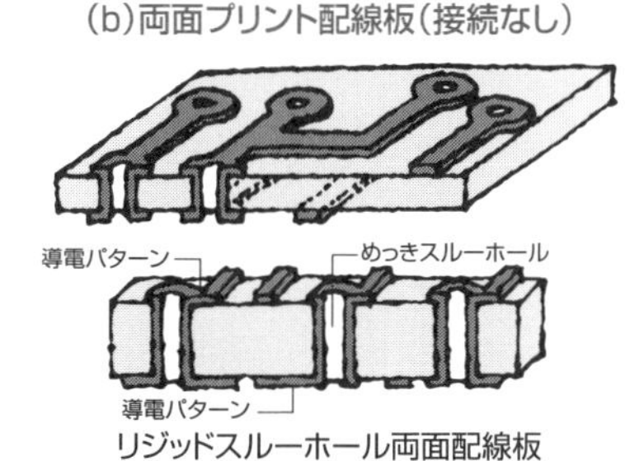

リジッドスルーホール両面配線板

フレキシブル両面板（フィルドビア）

(c)めっきスルーホール両面プリント配線板

多層導体（3導体層以上）

*リジッド多層プリント配線板
- めっきスルーホール法
  - 貫通穴多層プリント配線板
    - 一般多層（4〜10層）
    - 高多層（10〜30+層）
    - 薄型多層（4〜8層）
  - IVH型多層プリント配線板
    - Buried Via, Blind Via
    - Sequential Lamination
    - Pad on Hole……
  - IVH (Interstitial Via Holes) 金属コア・ベース多層プリント配線板
- めっき法ビルドアップ多層プリント配線板
  - 樹脂付き銅箔法、銅箔・プリプレグ法、熱硬化性絶縁材法
  - バンプめっき（柱状めっき）
  - 転写法ビルドアップ多層プリント配線板
- 導電性ペースト法ビルドアップ多層プリント配線板
  - ALIVH法、B^2it法 、F-ALCS法
- 一括積層法

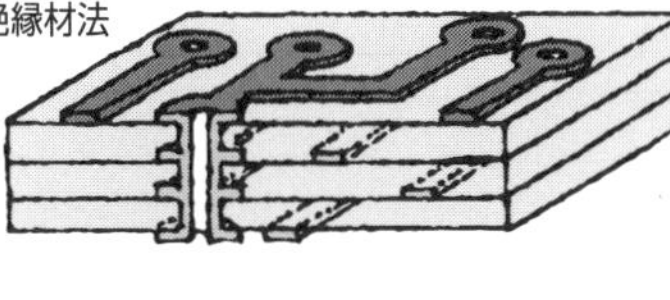

*フレキシブル多層プリント配線板（フレキシビリティは4〜6層程度）
（ほとんどはフレキシブル材料によるリジッド多層プリント板）
*フレクスリジッド多層プリント配線板（フレキシブル基板とリジッド基板の一体化）

(d)多層プリント配線板

5 プリント配線板への実装方法

鉛フリーはんだと部品実装工程

電子部品の端子とプリント配線板の実装パッドを電気的に接続するには、はんだと呼ばれる合金が使用されます。はんだには、様々な組成があり、部品や利用する製品の要求性能に応じて選択して使用します。一般的なものは、Sn（スズ）63％とPb（鉛）37％で構成され、共晶はんだと呼ばれます。近年有害物質使用制限指令（RoHS指令）などの環境規制により、エレクトロニクス分野では鉛の利用が制限され、鉛を使用しない「鉛フリーはんだ」に置き換わっています（**表1**）。

部品にはその実装方式により、①部品面からスルーホールに電極端子リードを挿入して、はんだ付けを行う挿入実装部品と、②プリント配線板の表裏面に実装する表面実装部品の2種に大別されます。挿入実装部品の実装工程では、部品面からスルーホールに電極端子リードを挿入して、フロー方式ではんだ接続を行います。表面実装部品のはんだ付け工程を**図1**に示します。おもて面側の表面部品を搭載するパッドにはんだペーストまたはクリームはんだを塗布し、リフローの加熱によりはんだを溶解してはんだ付けを行った後、基板を表裏反転し、おもて面側と同様にうら面側にも実装部品をリフロー方式ではんだ付け接続します。

なお、低耐熱部品など熱に弱い部品や特殊部品などは、手はんだではんだ付けを行います。

電子部品のプリント配線板への実装では、いくつかの工程が必要となります。始めの工程で実装した部品が、その後の工程で温度ストレスや応力により外れてしまわないように、温度階層を含め、最適な材料選定や実装プロセスの適用が重要となってきます。

また、部品実装後に自動で部品搭載の検査を行う自動化システムも製品化されています。

要点BOX

- ●鉛フリーはんだによる実装が進んでいる
- ●挿入実装部品と表面実装部品がある
- ●表面実装部品や混載部品はリフローで実装する

表1　はんだの種類

分類	種類	説明
組成による分類	共晶はんだ	一般的なSn63%-Pb37%のはんだ。融点は183℃
	鉛含有高温はんだ	共晶はんだに対しPbの含有量を増やすことで融点を高くし、高温環境電子部品に使用。Pb含有率80%以上で、溶融温度は270〜320℃。
	鉛フリーはんだ	鉛を使わないはんだ。組成はSn(スズ)-Ag(銀)3%-Cu(銅)0.5%(融点220℃)などが一般的だが、融点やコストなどの調整により多岐に渡る。
	鉛フリー高温はんだ	パワー系の用途では、融点240℃超のSn-AgやSn-Sbの組成がある。
	鉛フリー低温はんだ	実装温度を下げるため、用途別に様々な融点、信頼性を有する組成が提案されている。Sn-Bi(ビスマス)系、Sn-Ag(銀)-In(インジウム)-Bi系など
形状による分類	糸はんだ	はんだゴテを使い電子部品を手はんだする際に使用
	棒はんだ	挿入実装技術ではんだフロー槽に使用
	はんだペースト	表面実装技術でプリント配線板の接続パッド上にはんだを印刷する場合に使用。はんだ金属粉末とフラックスを混合したペースト状のはんだ
	はんだボール(ソルダボール)	BGA(ボールグリッドアレー)などの半導体パッケージと回路基板との接続のために用いるはんだ素材のマイクロボール

図1　表面実装部品の両面リフローはんだ付け工程

NO.	工程名	概略図	補足説明
1	プリント配線板	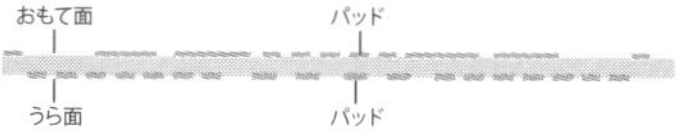 おもて面 / パッド / うら面 / パッド	表面実装部品両面プリント配線板
2	おもて面 はんだペーストまたはクリームはんだ塗布	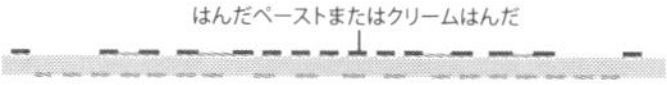 はんだペーストまたはクリームはんだ	おもて面側の表面実装パッドにはんだペーストを塗布する
3	表面部品を装着	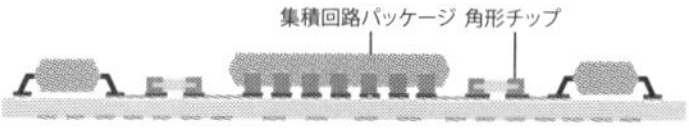 集積回路パッケージ / 角形チップ	おもて面のはんだペーストの上に表面部品を装着する
4	リフローはんだ	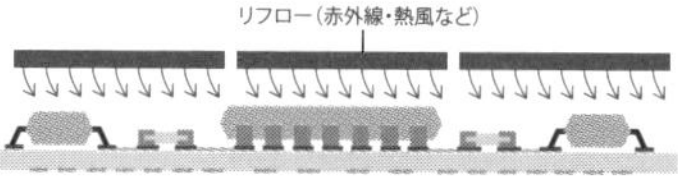 リフロー(赤外線・熱風など)	リフロー炉に投入してリフローはんだを行う。(赤外線または熱風によるはんだの溶解)
5	うら面 はんだペーストまたはクリームはんだ塗布	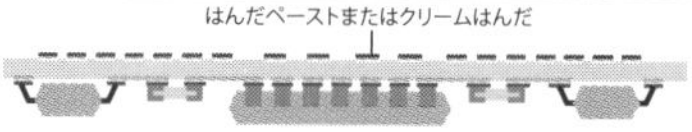 はんだペーストまたはクリームはんだ	うら面側の表面実装パッドにはんだペーストを塗布する
6	おもて面部品を装着	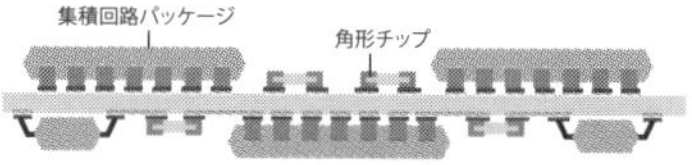 集積回路パッケージ / 角形チップ	うら面のはんだペーストの上に表面部品を装着する
7	リフローはんだ	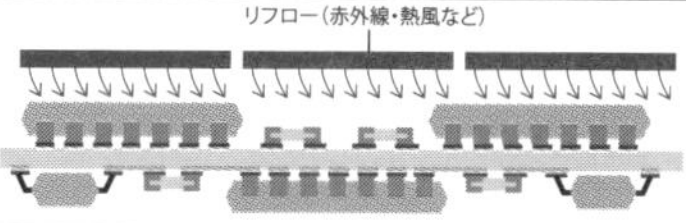 リフロー(赤外線・熱風など)	リフロー炉に投入してリフローはんだを行う(赤外線または熱風によるはんだの溶解)
8	手はんだ付け		低耐熱部品など熱に弱い部品や特殊部品などを手はんだではんだ付けを行う
9	検査	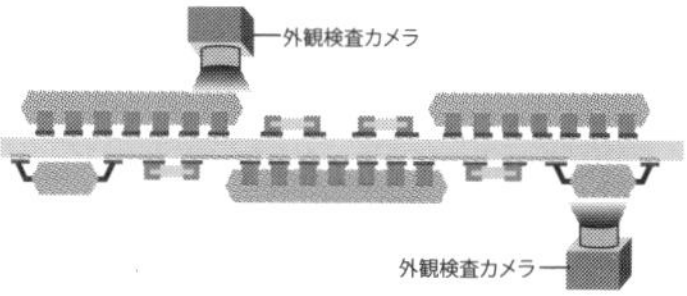 外観検査カメラ / 外観検査カメラ	はんだ付け状態を外観検査カメラまたは目視による検査を行う

JPCA-UB01(2021)　電子回路基板規格　第4版より　22-39

6 実装基板の階層構造

複数の実装でシステム構成する実装階層

実装基板は、CPUやメモリなど、複数の部品を実装して、部品間でデータのやり取りを行います。部品間の距離は信号の遅延になりますので、できるだけ近くに配置すると高速動作ができます(19項参照)。データセンタのサーバなど大規模システムでは、CPUとメモリなどをひとつのパッケージやモジュールとして、機能をまとめて再利用できるようにします。また、モジュールをマザーボードに実装し、それをコネクタで複数実装することで大型のシステムを構成します。これを実装階層と呼びます。

1枚のマザーボードに全ての部品を1回で実装できるのが実装コスト面では理想ですが、部品の種類や個数が多い場合、大きな基板外形が必要となります。CPUやメモリなど、機能ブロックごとにマルチチップパッケージ化して小型・高密度化し、その状態でテストしてシステム全体の歩留りを向上させます。ほかの機種と共用することで、開発効率とトータルコストでメリットが出る場合もあります。

また、パッケージ化する別の理由としては、配線幅/間隙などデザインルールの違いがあります。半導体チップでは1㎛以下、半導体チップを実装するパッケージ基板では数㎛～数十㎛、マザーボードでは100㎛程度と密度が異なります。また、半導体チップ、シリコンインターポーザ、パッケージ基板、マザーボードはそれぞれ熱膨張率(CTE)の違いがあり、パッケージ基板やはんだボールはCTEミスマッチを吸収する狙いがあります。

階層構造で信頼性を確保するには、熱特性、機械・応力特性を考えた設計・製造が必要であり、設計初期段階でシミュレーションによる予測と、試作による検証と改善が必要です。このためには要求仕様に合った基板材料、アンダーフィル材、モールド材などが必要であり、今後のさらなる要求にこたえるべく、改善され続けています。

要点BOX

- ●パッケージ化は配線ルールの違いを吸収する
- ●パッケージ化することでCTEミスマッチを吸収
- ●モジュール化して共用することで開発効率アップ

図１　複雑な実装階層を持つシステム

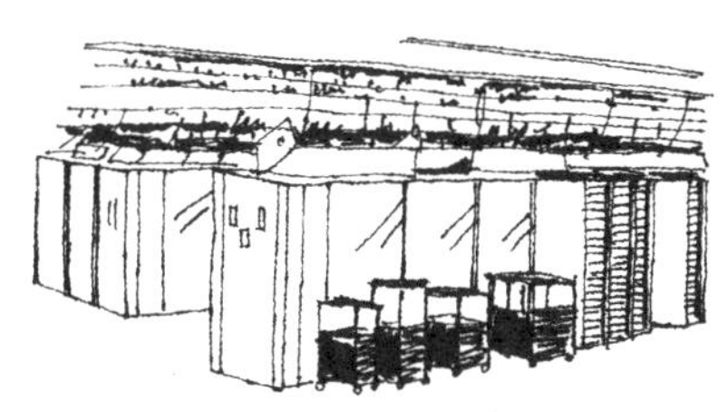

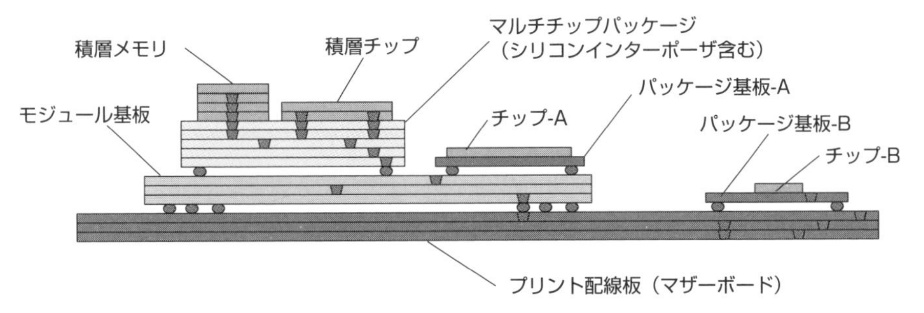

図２　実装階層のレベルと実装する電子部品

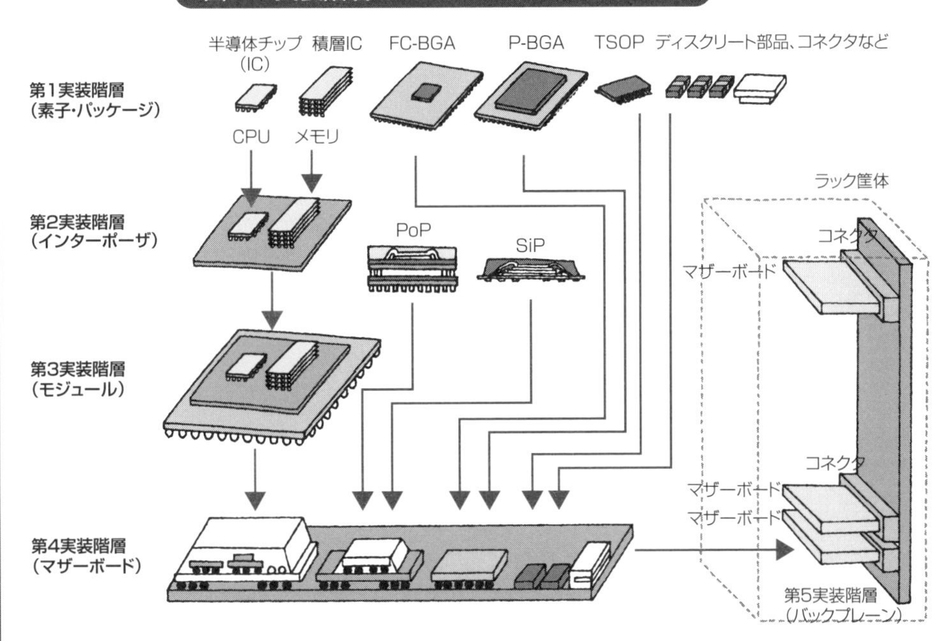

7 車載向けパワー系半導体とパッケージ

パワー半導体の進化と実装課題

人間の頭脳に相当するスマートフォンやPCに利用される部品の他にも重要な役目を持つのは、インフラシステムの電源やモータ等のエネルギー制御に使われているパワー半導体です。環境問題により、車や航空機の電動化が急速に進められるなかで、これを支えるキーデバイスとなるパワー半導体技術は、大きく期待されています。データセンタ、通信インフラ系の電源、EV／電車のモータ、エアコンのコンプレッサなどの省エネ化・CO_2削減・高性能化に不可欠なものです。パワー半導体はこれら様々な機器で用途別に数十V〜数千Vの電圧をオンオフしたり、増幅したりするもので、エネルギー制御半導体の総称です。近年、脱炭素社会実現のため、再生可能エネルギーの利活用が求められています。大電力のオンオフ制御をすると、ノイズが発生して熱などのエネルギーとして放出されるため、エネルギーの無駄を最小限とすべく、パワー半導体による電力変換効率が重要です。図1にデバイスと主な用途を示します。パワー半導体の外観とマザーボードへの実装イメージを図2に示します。パッケージのモールド樹脂は、一般的に熱硬化性エポキシ樹脂が多く、これにシリカ(二酸化ケイ素)等の微粒子を混ぜることで、高放熱性と低熱膨張性などの機能を付与しています。

パワー半導体は、表1に示すように一般的に使われるSiからワイドバンドギャップ半導体と言われる、炭化ケイ素(SiC)や窒化ガリウム(GaN)などの素子材料が実用化されています。さらに、酸化ガリウム(Ga_2O_3)などの新しい素子の開発も進んでおり、小型化、高耐圧性やスイッチング速度向上、高効率化が期待されています。Siは最大動作温度が125℃と言われますが、これらワイドバンドギャップ半導体では、200℃を超える温度でも特性が得られるものもあり、実装技術を含めた先端技術の開発が進められています(49項参照)。

要点BOX
- ●車載用を中心にパワー半導体の用途拡大
- ●新材料の実用化では実装面も含めて特性に合わせた開発が進展

図1 SiC/GaNデバイスの対象領域

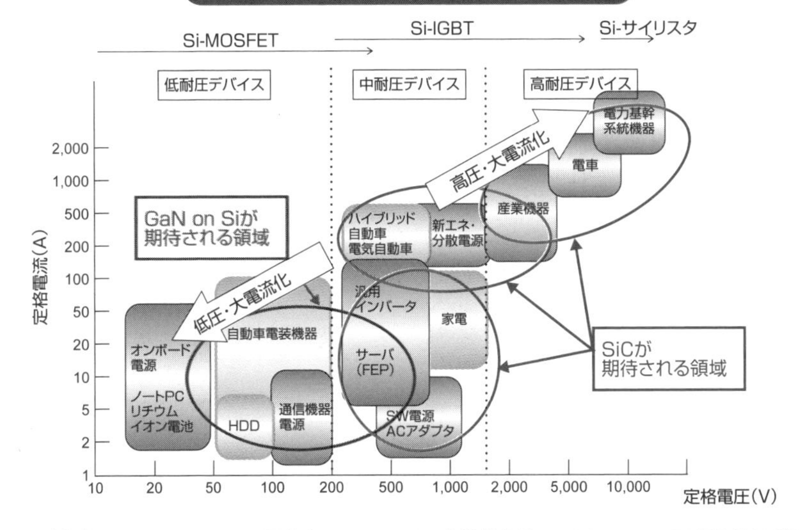

〔出典:パワーエレクトロニクス研究会;エレクトロニクス実装学会誌,Vol.22,No.1,pp.75,図3(2019)〕

図2 様々なパワー半導体の実装イメージ

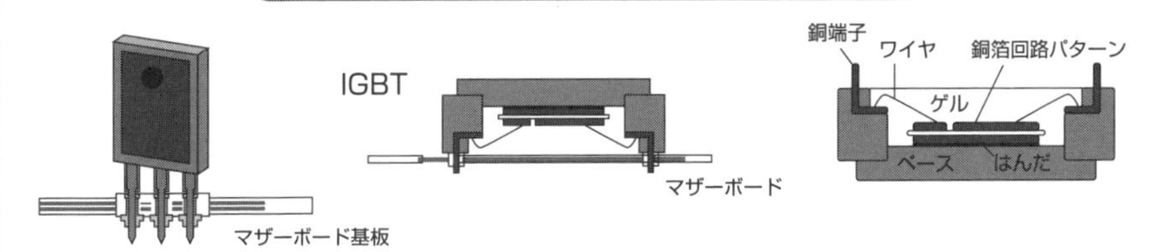

表1 半導体材料の特性

項目	Si	4H-SiC	GaN	Ga_2O_3
バンドギャップ(eV)	1.12	3.26	3.39	4.8-4.9
電子移動度(cm^2/Vs)	1,500	1,000	900	300(推定)
正孔移動度(cm^2/Vs)	500	120	150	―
チャネル移動度(cm^2/Vs)	500	140	1,500	―
最大電界強度(MV/cm)	0.3	3	3.3	8(推定)
最大電界強度Si比	1	10	11	27
熱伝導率(W/cm·K)	1.5	4.9	2	0.23
熱伝導率Si比	1	3.3	1.3	0.2
飽和速度(cm/s)	$1.0E^{+07}$	$2.2E^{+07}$	$2.7E^{+07}$	―
誘電率	11.8	9.7	9	10

〔出典:パワーエレクトロニクス研究会;エレクトロニクス実装学会誌,Vol.22,No.1,pp.75,表1(2019)〕

Column

なぜ電気の知識は必要なのか？

プリント配線板の回路設計、パターン設計、実装設計を行うには、ある程度電気の知識が必要です。近年では高速な信号を扱うようになり、材料開発や装置開発を行うときにも電気の知識が必要となり、相談を受けることが多くなりました。

設計者は、要求された仕様に基づいてコンピュータ（CAD：Computer Aided Design）の支援を受けながら設計をするので、昔のように関数電卓を片手に手書き図面で設計することはなくなりました。しかし、全てをCADに依存していると、エラーが出たときに軽微なエラーなのか、致命的なエラーなのか判断がつかず、修正の方向性の検討が難しくなります。細かな計算や調整はCADに任せるとして、設計者は値の桁くらいは正確に予測していることが必要と感じています。現場で若手を指導するときにはもう少し厳しく「真値の2倍～半分くらいで予測または判断する力が必要」と伝えています。少なくとも、仕様書などを見たときに、単位の違いにはすぐ気づいて確認できる理解力が必要です。これは基板の設計者だけではなく、材料開発をしているエンジニア、装置やプロセス開発をしているエンジニアにも通じることだと感じています。

また現場で知識を使用する場合は、現象ではなく理屈を考えないと応用が効きません。理論は数学の計算式で覚えず、考え方は物理的なイメージで理解するのが重要であり、応用ができます。そして使うときには誰でも簡単に使えるように数値化して、ガイドラインのような形にするのがお勧めです。

例えば「パスコン（バイパスコンデンサ）は電源端子の近くに配置する」という要求仕様があった場合、どれくらい近くに？という疑問が湧くでしょう。このときに「応急消火と同じ原理のパスコン（火元近くでバケツの水や消火器で消化するイメージ）」と伝えて、図示することで、イメージが湧くのではないでしょうか？小さい容量でもより火元の近くに配置することが重要、そして火元と大きなパスコン（消防車のイメージ）との間はできるだけ太いパイプ（電気的にはインダクタンスが小さい）にすることがポイントであることが、イメージとして伝わるでしょう。あなたなら、パスコンの説明、どのような比喩で伝えますか？

第2章

実装技術を取り巻く電子業界の動向

8 業界トレンド（サーバ・データセンタ）

サーバ・データセンタの高性能化と電力消費量

　データセンタとは、複数のコンピュータがネットワークで接続された情報処理システム専用の施設で、通信事業者などがユーザーのサーバやデータを預かり管理するサービスを行っています。高速で高性能な処理能力と高品質な回線や高いセキュリティを備えています。ただし、ここ十数年のデータ量の増加はそれまでと比べてあまりにも飛躍的で（図1）、電力消費量などが社会問題になっています。

　個人が所有するスマートフォンは年々進化しており、今では生活と切り離せないものとなっています。また、端末側（エッジ側）で取得した写真や動画などのデータはサーバにアップロードされ、日々大量のデータがサーバに蓄積されています。このほか、コールセンタの音声データ、防犯カメラの映像、この先は人間が生成するデータだけではなく、ＩｏＴ（Internet of Things）機器のセンサ情報の割合も急速に増えていくことが予想されています。

　図2は、コンピュータ性能の推移を表したグラフですが、処理速度は指数関数的に向上しています。研究チームによると、２０１０年の世界中のデータセンタで消費された電力は１９４テラワットで、全世界の電力消費量の１％に相当します。その後２０１８年までにデータセンタの処理能力は６倍、インターネットのデータ通信量は10倍、データ保存量は25倍になっていますが、電力消費量は微増とのことです。サーバの消費電力が４分の１に減少できたのは、半導体の高性能化もありますが、それを実装で支えるパッケージ基板やマザーボードの新材料・新しいプロセスによる高速化や損失の低減があります。また、データ保存のエネルギーが９分の１に減少できたのは、ＨＤＤ（Hard Disk Drive）がＳＳＤ（Solid State Drive）に置き換えできた効果が大きく、これには薄型基板や半導体チップを多段積層する、高度な実装技術が活用されています。

要点BOX
- ●データセンタのデータ量が急速に増大
- ●電力消費量削減には、新材料・新プロセスによる損失低減、高密度実装が有効

図1　生み出される情報とデータ量の増加（情報爆発）

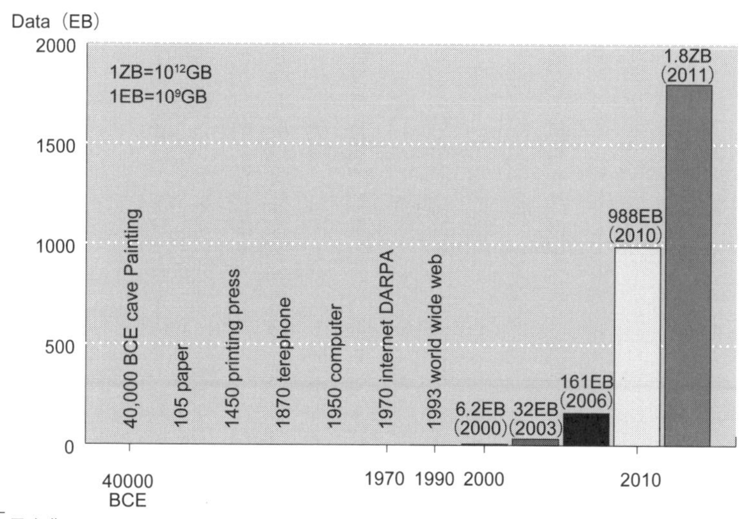

［元出典:Horison Information Strategies,cited from "Storage;New Game New Rules"］
［元出典:Information Date Corporation."The Diverse and Exploding Digital Universe",2008］

〔出典:山道新太郎;表面技術,Vol.66,No.2,pp.28(2015)〕

図2　スーパーコンピュータの実行性能の推移

（TOP500 websiteより作成）

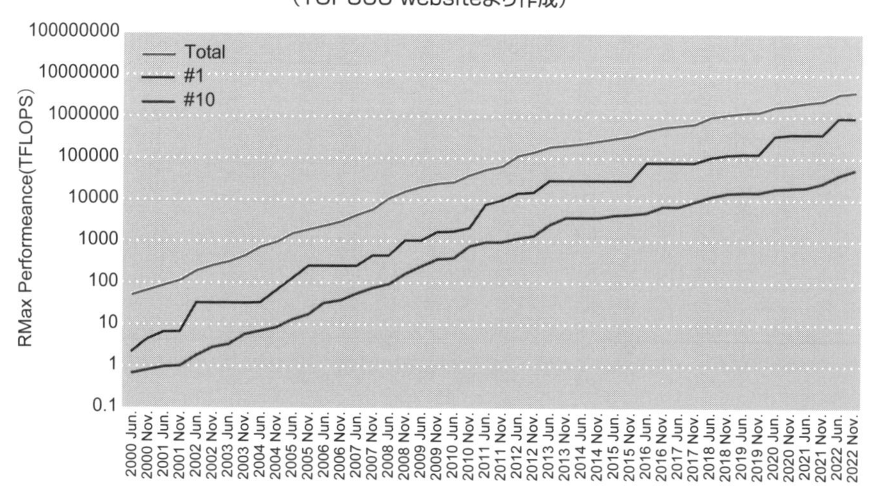

〔出典:平洋一;エレクトロニクス実装学会誌,Vol.17,No.4,pp.263(2014)に筆者加筆〕

9 業界トレンド（5G、Beyond 5G）

超高速、超低遅延、多数同時接続という3つの特徴

携帯電話の前身は、1979年にサービスを開始した自動車電話といわれています。1985年、NTTから一般向けに発売された「ショルダーフォン」は重さが3kgもありました。90年代に入ると携帯電話のスリム化が実現、NTTがムーバ（mova）を発表し、230gまで軽量化されました。これを支えたのは、半導体パッケージの小型・多ピン化技術であるCSP（Chip Size Package）の実現、SiP（System in Package）／PoP（Package on Package）技術の実現、CSP実装のためのビルドアップ基板の材料や基板プロセス開発、高密度実装技術の開発などの総合力でした。

1994年から携帯電話の端末買取り制が始まり、急速に普及しました。2000年頃からは液晶画面カラー化、カメラの搭載、インターネットへの接続など、外出時に必要な機能が充実されました。その後、携帯電話はスマートフォンへの置き換えが進み、図1のように通信速度は飛躍的に高速化され、30年で10万倍に達し、小型のパソコンと化しています。

2020年、通信業界でトレンドとなったのは5Gでした。5Gとは「第5世代移動通信システム」のことで、図2に示すように「超高速」、「超低遅延」、「多数同時接続」という3つの特徴があります。4Gでは3.6GHz以下が使われていましたが、日本では3.7GHz帯、4.4GHz帯（サブ6GHz帯と呼ぶ）のほか、28GHz帯を使ったミリ波が特徴となっています。

ミリ波は5Gの特徴を活かせる反面、直進性が高く障害物の影響を受けやすいため、届く範囲が狭いというデメリットがあります。普及に向けて、ミリ波用モジュールの開発、電池エリア確保のための基板小型化、比誘電率（ε'）や誘電正接（tanδ）を小さくした、さらなる低損失な基板が製造できるような材料開発が進められています（図3）。

要点BOX
- ●通信速度は30年で10万倍に達した
- ●5Gではサブ6GHzとミリ波の28GHzを使う
- ●ミリ波には誘電正接が小さい材料が必要

図1　携帯電話と通信速度の変遷

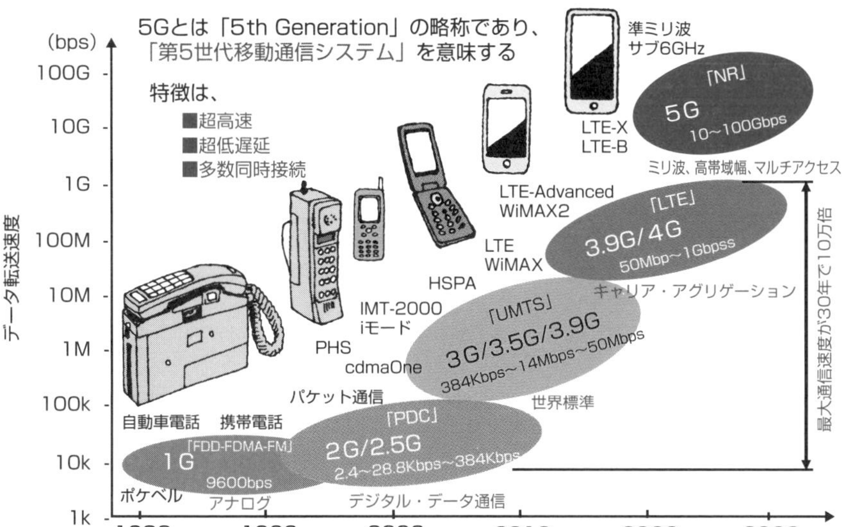

図2　5Gの要求性能

図3　基板の材料特性

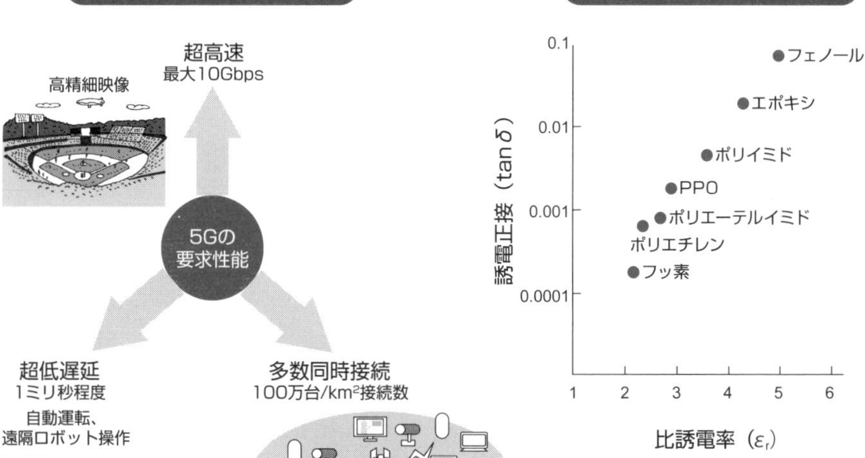

〔出典:河合晃;表面技術,Vol.72,
No.6,pp.315(2021)〕

〔出典:河合晃;表面技術,Vol.72,
No.6,pp.315(2021)〕

10 業界トレンド（CASE、電気自動車）

自動車はCASE技術で動くリビングルームになる

電気自動車の歴史はガソリン車よりも古く、電池は1777年、モータは1823年に発明されました。1900年頃には電気自動車、蒸気自動車、ガソリン自動車（内燃機関）が混在していましたが、フォード・モデルTの成功により自動車市場は内燃機関が主流になりました（**図1**）。その後、1970年代のマスキー法とオイルショックへの対応で、エンジン制御の開発競争が始まりました。日本の自動車業界は、半導体、センサ技術、電子制御技術のシステムの開発で世界を牽引しました。その後も最新技術を自動車用に適用、さらに進化させることにより、エンジン制御、ボディ制御、シャーシ制御、さらに情報通信系にも展開が進みました。また、自動車メーカーは新規参入の会社を先頭に、自動車を製造販売する会社から、移動するための手段をサービスする会社へと変わることを考え、CASE（Connected：コネクテッド、Autonomous：自動運転、Shared&Service：シェアリング／サービス、Electric：電動化）と呼ばれる4つの技術要素を組み合わせて次世代のモビリティサービスを確立しようと取り組んでいます。実現するにはセンサ技術、通信技術、電動化技術、AI技術を含むコンピュータ技術が不可欠で、自動車は高速で移動できるコンピュータ制御のリビングルームとなるでしょう（**図2**）。

自動車をコンピュータ制御で動かすには電池とモータの組合せが良く、電気自動車（EV：Electric Vehicle）が適しています。スマートフォンを充電するようにEVも充電できれば、社会は変わるでしょう。そのためには、大容量で安全な電池、高性能なパワー半導体とパッケージ材料、インホイールなどのモータ技術、小型軽量、車載信頼性に対応できる実装技術（**図3**）、安全に走行するためのセンサ技術、通信技術、そしてそれらを実現する新素材や新しいプロセスに期待が高まっています。

要点BOX

- ●EVは電池とモータ、パワー半導体がポイント
- ●EVの小型・軽量化には、実装技術、センサ技術、通信技術、新素材とプロセスが重要である

図1　日本の自動車産業の歴史的俯瞰

1885　：車の発明　ベンツ　@ドイツ
1908　：フォード・モデルT　@米国
1961　：トヨタ・パブリカ　@日本
（モデルTから53年後に量産）
1970　：マスキー法発布（排出ガス）
1973　：オイルショック→新技術開発競争
1975　：マスキー法の実質施行
1980　：マイコンの本格的採用
カーエレクトロニクス発展期
1990　：日米貿易摩擦
1997　：ハイブリッド車　登場
2005　：エコ車両
過給ダウンサイジング
クリーンディーゼル
2009　：EV
2010　：自動停止ブレーキ
2012　：プラグインハイブリッド
2015　：FCV
電動化、情報化、自動化

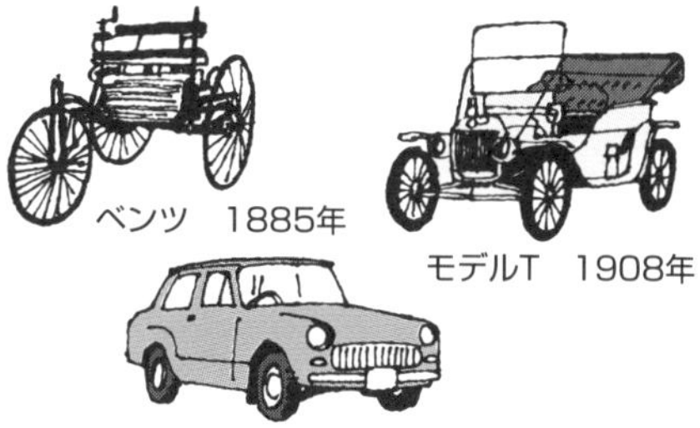

（期間：53、53、19、17、17）

ベンツ　1885年

モデルT　1908年

パブリカ　1961年

1970年米国マスキー法：排出ガス規制

一酸化炭素(CO)、炭化水素(HC)	窒素酸化物(NOx)
1975年以降製造の自動車; 1970-1971年型の1/10以下	1976年以降製造の自動車; 1970-1971年型の1/10以下

自動運転（コンピュータの介在）
レベル0：介在なし
レベル1：部分的に介在
レベル2：操舵が加わる
レベル3：半自動運転
レベル4：AIが運転者

〔出典:加藤光治;エレクトロニクス実装学会誌,Vol.19,No.5,pp.289(2016)〕

図2　CASEに向けた車載機器と実装構造

	主な車載機器		従来の主な形態	CASEに向けた実装構造
CAS	通信	車載通信機	単体通信機器	複数通信モジュールの統合
	自動運転(AD)運転支援システム(ADAS)	車外センシング	センサと認識・制御の分離構造	センサと認識機能の一体化（インテリジェント化）
		AD ECU	大規模ロジック回路を大型基板へ搭載	高速大容量演算素子 大容量メモリの搭載&高集積・小型化
		車両制御	アクチュエータと駆動・制御の一体化	小型・軽量化
		HMI	インフォテインメント機器を中心に構成	乗員状態検知機器の増加 ディスプレイの統合・大型化
E	電動パワートレイン	電源	Liイオン電池パック	大容量化、全固体電池
		動力変換	単体PCU	トランスアクスル一体 インホイール
		モータ	高占積率巻線（低損失）	高磁束密度・高出力 インホイール

〔出典:三宅敏広;エレクトロニクス実装学会誌,Vol.26,No.1,pp.80(2023)〕

図3　電動化に向けた実装技術

システム

エネルギー効率向上
電源供給網や駆動モータ等の消費電力を低減し燃費向上
小型・軽量化
ハーネス削減による電源供給網の小型・軽量化
インバータ高出力／小型化
バッテリ電圧上げ高出力化、モータとの機電一体で小型化

半導体デバイス

低損失
デバイスの直流抵抗、スイッチング損失の低減
高機能化
パワーデバイスや駆動デバイスにセンサ機能を統合しBOM低減
高耐圧化
パワーデバイス、駆動デバイスの高耐圧化

実装技術

低抵抗
低インダクタンス
ワイヤ太線化やクリップ採用、短ワイヤ、電源グランドペア
モジュール化
パワーデバイスや駆動デバイスとセンサチップのモジュール化
絶縁耐圧向上
パッケージ材料選定・構造設計

〔出典:馬場伸治,佐々木英樹;エレクトロニクス実装学会誌,Vol.25,No.1, pp.72(2022)〕

11 半導体のトレンド

マルチチップ実装

ここ10数年間で半導体プロセスの微細化が急速に進み、その製造コストも飛躍的に高まっています。半導体チップの高速化や高機能化は、そのプロセス微細化による集積度の向上により実現されてきました。つまり、半導体の微細化と低消費電力化により、同一面積に様々な回路機能を搭載し、処理速度も併せて向上してきたのです。ところが図1のように14nmのプロセス付近から、プロセスの微細化がムーアの法則と呼ばれる流れを維持できず、製造コストもこれまで以上に高額となってきました。また、回路の大規模化・多様化により、単一の半導体プロセスでの半導体チップ実現が困難になってきました。

そこで、図2に示すように、複数のチップで実装するチップ分割のトレンドが生まれてきました。複数チップで構成することで、これまでのように1チップに全ての機能を集積する必要がなくなり、それぞれコストパフォーマンスの良い製造プロセスで作成されたチップを複数組み合わせて要求の機能を実現することができます。これには、半導体パッケージ実装技術の発展が大きく貢献しています。これらの技術は、複数チップを単一の半導体パッケージに実装するシステムインパッケージ(SiP)技術の進化なくしては実現できませんでした。

このように1チップに集積可能な回路に対して、要求規模やコストが予想以上になったため、高機能製品では複数チップで構成する製品となりました。複数チップで構成することにより、同一チップを流用した製品バリエーションができるといった副次的な効果も生まれました。日々高度化する回路機能要求へのギャップを埋めるために、様々なマルチチップ実装技術が開発されており、それらを実現する半導体パッケージの役割がますます重要となっています。

要点BOX

- ●プロセスの微細化に伴って製造コストが高騰
- ●チップを分割することでコスト低減
- ●実現にはSiP技術の進化が不可欠だった

図1 半導体微細化トレンド(ノードの変遷)と製造コストの関係

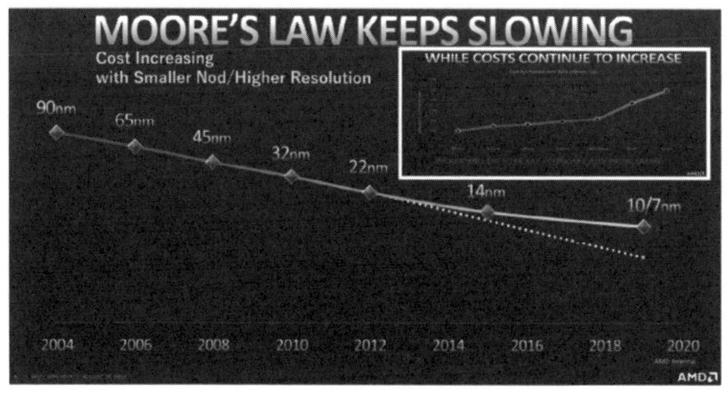

〔出典:西田秀行;エレクトロニクス実装学会誌,Vol.23,No.7,pp.564,図6(2020)〕

図2 チップ分割の提案、SoCからチップレット化へ

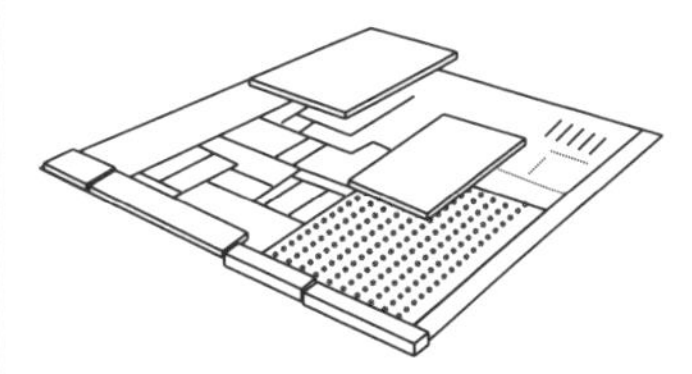

チップスケーリングとモジュラーチップレットアプローチを使用したモノリシックダイ
[出典:DARPA、Intel]

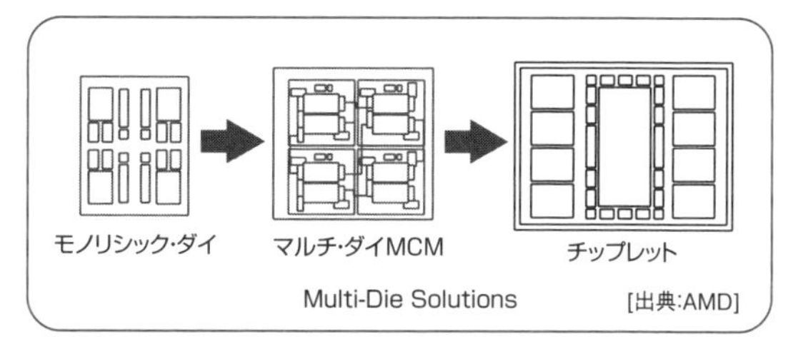

[出典:AMD]

CHIPSによりチップレットレベルでの機能ブロックを迅速に統合

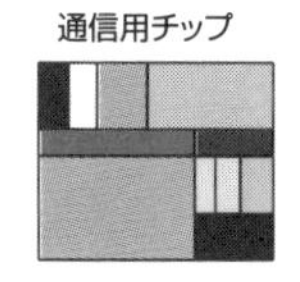

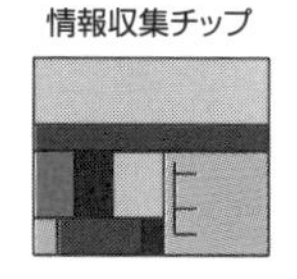

DARPAのCHIPSビジョン [出典:DARPA]

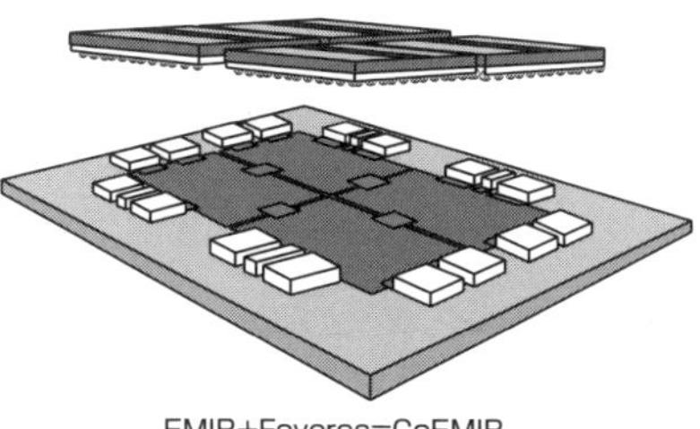

EMIB+Foveros=CoEMIB

[出典:Intel]

〔出典:西田秀行;エレクトロニクス実装学会誌,Vol.23,No.7,pp.566,図13をイメージ化(2020)〕

12 チップレット

半導体チップの分割と高密度基板上での再統合

チップレット（Chiplet）は11項で説明した分割された半導体のブロックで、チップレット同士をつなげてより大きく、より複雑なICを形成するように特別に設計されたものです。パッケージの種類でなく、パッケージの設計思想（アーキテクチャ）です。チップレットは高密度基板上で互いに再結合されます。Chipletの"let"は、小さいという意味の接尾辞で、booklet（小冊子）などのように使われます。しかし、Chipletの文言が、SiP（システムインパッケージ）と同様な意味で使われている場合もあります。

近年のチップレット注目度アップの大きな要因は、経済的理由です。SoC（システムオンチップ）テクノロジーでは、集積度が向上し続けるにつれて、複数のダイが1つの複雑なICに統合されてきました。レチクル（半導体製造に使うフォトマスク）サイズの限界を超えたデザインは、製造できるように小さなダイに分割されていました。最近、半導体業界がより小さなプロセスノードに移行するにつれて、大きなダイを生産するためのコストが増加しています。そこで、大きなチップは機能ごとに複数の小さなチップレットに分割され、最新のノードを必要とするチップレットのみがそのノードで作製されるので、コストを下げることができます。また、設計変更時に再利用が可能なチップレットは残存させ、一部のチップレットを刷新して新たな機能追加、性能向上を行うこともできます。

チップレットを採用したいくつかの事例を図1～3に示しています。分割したチップを再配線、結合するという概念は同様ですが、再配線する高密度基板、および実装する手法はそれぞれ独自技術が採用されています。現在、主に半導体メーカーとチップを製造するファンダリー、およびOSATが、チップレットを実用化するための設計と基板や実装の技術開発を推進することで、生産が行われています。

要点BOX

- ●チップレットは半導体パッケージの設計思想
- ●製造コストを抑えて機能・性能を向上させる

Heterogeneous Integration RoadmapにおけるChipletの説明

（https://eps.ieee.org/technology/definitions.html）からの抜粋

- ■Chiplet はパッケージタイプではなく、パッケージアーキテクチャ。
- ■他のチッププレットと繋がって、より大きくより複雑な IC を形成するように特別に設計された集積回路ブロック。
- ■チップレットは、高密度基板上で再結合される。
- ■チップレット ベース設計への移行は、最先端のプロセスノードのSoCデバイスの製造コストが増加しているため。
- ■チップレットでは、チップは機能ごとに複数の小さなチップレットに分割され、最新のノードを必要とするチップレットのみがそのノードで作製される。
- ■チップレットを、パッケージング会社間で実行可能にするには、標準/共通のコミュニケーションインターフェイスが必要。

図1　Chipletの例（Xilinx Virtex FPGA）

FPGAが分割され、シリコンインターポーザ上で連結されている。そして、シリコンインターポーザが有機基板に実装されている。

［出典:Heterogeneous Integration Roadmap, 2021 Edition Chapter2］

図2　Chipletの例（Intel Agilex FPGA）

チップレット同士は、EMIBという基板に埋め込まれたチップで接続されている。
EMIB・・・Embedded Multi-die Interconnect Bridge

"Graphic courtesy of Intel Corporation"
（図の提供:Intel）

［出典:Heterogeneous Integration Roadmap, 2019 Edition Chapter1］

図3 Chipletの例（AMD EPYC サーバプロセッサ）

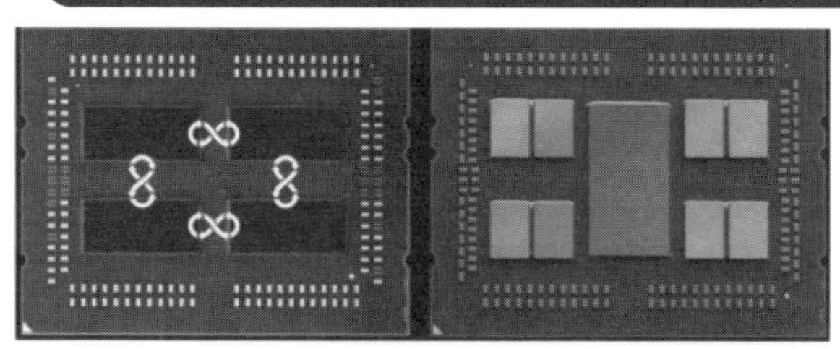

有機基板上にチップレットを配置した構成

［出典:Heterogeneous Integration Roadmap, 2019 Edition Chapter1］

13 ヘテロジニアスインテグレーションロードマップ（HIR）

パッケージシステム統合・集積の技術展望HP

この項ではヘテロジニアスインテグレーションロードマップ（HIR）を紹介します。ヘテロジニアスインテグレーション（HI）は、直訳すると「異種統合」で、「個別に製造された部品を統合・集積化することで、上位レベルのシステムインパッケージ（SiP）として、強化された機能と改善された操作特性を提供すること」とHIRでは書かれています。HIRはIEEE（米国電気電子学会）等が中心となって作成された世界的ロードマップであり、業界や学界でのHIに関するコラボレーションを刺激し、進歩のペースを加速するため、長期的ビジョンの提供を行うものです。随時アップデートされ、無料で閲覧できます。（東北大学、福島誉史准教授がHIRのキーコントリビュータになっています。）

HIRは、ほぼ全ての広範な関連分野に関して、市場、技術、研究開発の現状と今後の予想が詳細に展開されています。例えば新規分野では、12項で示しましたChipletに関する事例や、図1のような典型的な三次元集積化SiPも例示され、そこに存在する排熱や電源電圧安定化の課題も取り上げられています。また、HIRでは新規分野のみならず、ワイヤボンディングのような既存の重要技術も取り上げられ、比較的偏りの少ない構成となっています。

また、ロードマップとしては、各種技術水準の年次による推移の予測も多数掲載されています。本書に関係する一例として、HIR第8章掲載のものを翻訳して表1に挙げました。ここでは、FC-BGAやシリコンインターポーザ等の高密度実装基板のバンプピッチや最小線幅／間隙などが予測されています。また、その実現のための課題や施策案もHIRの文中に挙げられています。

ぜひとも実際にサイトを閲覧し、有益な世界の動向を学習、把握して頂くことをお勧めします。

要点BOX
- ●HIRはシステム統合・集積の世界的ロードマップ
- ●技術予想に加え課題や施策案も掲載

図1　2.5D、3D接続技術の例

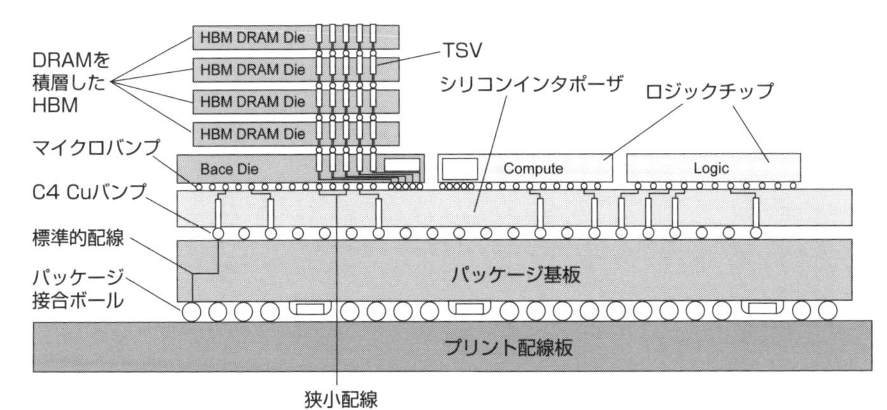

［出典:福島誉史;エレクトロニクス実装学会誌,vol.25,no.7,P700(2022)］

表1　高密度実装基板のロードマップ

材料	用途	項目	年								
			2018	2019	2020	2021	2022	2025	2028	2031	2034
有機基板	FC-BGA	最小バンプピッチ(μm) フルグリッドアレイの場合 バンプ間配線有、無	130,110	130,110	110,100	110,100	110,100	110,90	110,90	90,80	90,80
		最小バンプピッチ(μm) ペリフェラル/スタッガードの場合 上段バンプ間配線有 下段　無	40/80, 30/60	30/60, 20/40	30/60, 20/40	30/60, 20/40	30/60, 20/40	20/40, 15/30	20/40, 15/30	20/40, 15/30	20/40, 15/30
		最小線幅/間隙(μm)	9/12	9/12	9/12	8/8	8/8	5/5	5/5	5/5	5/5
		最小マイクロビア径(μm)	50	50	50	40	40	30	30	20	20
	チップレット(ファンアウト、有機インターポーザ)	最小バンプピッチ(μm)	50	50	50	45	45	40	40	30	30
		最小線幅/間隙(μm)	2/2	2/2	2/2	1.5/1.5	1.5/1.5	1/1	1/1	0.5/0.5	0.5/0.5
		最小マイクロビア径(μm)	30	30	30	20	20	10	10	5	5
シリコン	チップレット(Siインターポーザ、3D)	最小バンプピッチ(μm)	40	40	40	35	35	30	30	20	20
		最小線幅/間隙(μm)	0.6/0.6	0.6/0.6	0.6/0.6	0.6/0.6	0.6/0.6	0.5/0.5	0.4/0.4	0.3/0.3	0.2/0.2
		最小マイクロビア径(μm)	0.6	0.6	0.6	0.6	0.6	0.5	0.4	0.3	0.2

［出典:https://eps.ieee.org/images/files/HIR_2021/ch08_smcfinal.pdf］

HIR
〔http://eps.ieee.org/technology/heterogeneous-integration-roadmap.html〕

14 持続可能性と環境課題

世界中の人々が誰一人取り残されず、持続可能な社会を実現するために2015年9月の国連サミットで一七の国際目標SDGsが制定されました。各課題は、グローバルな活動でなければ本当の解決が図れないものとなっています。これらの目標に向け、世界中の組織、企業が取り組みを行っています。

このような世界情勢の中で、各企業では活動の社会への寄与・影響を考えた「ESG経営」の思想が広まっています。これは、**表1**のようなE（環境）S（社会）G（統治）に関する事項を勘案した経営のやり方で、SDGsの目標達成への貢献につながるものです。ここでは、このうち環境課題に関するエレクトロニクス業界の動きについて述べます。

二酸化炭素による世界的温暖化に象徴されるように、生産活動から排出されるものが、意識的かどうかによらず、またかつては問題でなかったものも現在では注視されるようになっています。**表2**は、半導体、実装基板業界において環境課題に対して検討されている事項の一部をまとめたものです。昨今の半導体需要の拡大で、その製造のための電力需要増に伴うCO_2放出拡大が懸念されます。また、省エネルギーはCO_2放出減にもなりますが、サーバ等で発熱を抑えて冷却コストを下げるには、一層の半導体の低消費電力化が必要です。電子機器、部品はその生産過程において、できるだけ環境負荷の低い材料を用い、もし負荷が懸念される材料を使用しなければならない場合は放出しないようにし、また代替材料への転換を検討します。工程からの廃棄物削減や、廃棄する機器や部品から有価物を回収し、それを再利用するための社会全体のシステムも必要です。

環境規制では、RoHSやREACHなどが普及し適宜改訂されています。**表3**にRoHS3規制の該当物質を挙げますが、この許容濃度を超えるものは、EU域内で製造販売できません。

要点BOX
- 実装業界でも環境課題への対策が進んでいる
- 環境負荷が懸念される材料の削減や転換が重要

表1　ESG経営における主な項目

E(Environment)	S(Social)	G(Government)
・温室効果ガス(CO_2)排出量の削減 ・省エネルギー ・低環境負荷の材料使用 ・廃棄物の削減 ・資源の再利用 ・環境規制への適合	・社会の多様性(ダイバーシティ)に即した組織作り ・組織内労働環境(災害防止、心身の健康管理)の改善	・コーポレートガバナンスの実践(法律・社会規範に反さない管理体制) ・コンプライアンスの遵守(法令遵守) ・情報開示

表2　半導体・実装基板業界における環境課題に対する検討例

課題	検討例
温室効果ガス排出量の削減	•再生可能エネルギーの使用 •プロセス用ガス(ドライエッチング等)の漏れ防止 •世界規模での共同検討(Semiconductor Climate Consortium(SEMI))
省エネルギー	•生産工程での余分な電力使用の見直し •半導体の低消費電力化 •高実装密度形態での効率的放熱手法の検討
低環境負荷の材料使用	•環境規制に則った対象物質の使用低減、代替材料への転換 •低融点はんだによる実装温度の低下 •基板材料の転換(例:ポリイミド→PETや生分解性樹脂)
廃棄物の削減 資源の再利用	•材料のReduce,Recycle,Reuseの促進 •効率的有価物回収方法の開発
環境規制への適合	•RoHS:電気・電子機器における特定有害物質の使用制限に関する指令 •REACH:化学物質の登録、評価、認可および制限に関する規制 など

RoHS:Restriction of Hazardous Substances
REAHC:Registration,Evaluation.Authorization and Restriction of Chemicals

表3　RoHS3規制の該当物質

RoHS指令の対象物質	最大許容濃度	備考
カドミウム	0.01wt%	2006年から規制対象
鉛	0.1wt%	
水銀	0.1wt%	
六価クロム	0.1wt%	
ポリ臭化ビフェニル(PBB)	0.1wt%	
ポリ臭化ジフェニルエーテル(PBDE)	0.1wt%	
フタル酸ジエチルヘキシル(DEHP)	0.1wt%	2019年から規制対象
フタル酸ジブチル(DBP)	0.1wt%	
フタル酸ブチルベンジル(BBP)	0.1wt%	
フタル酸ジイソブチル(DIBP)	0.1wt%	
中鎖塩素化パラフィン(MCCP)	未定	2022年5月に追加提案 2023年4月時点では未実効
テトラブロモビスフェノールA(TBBP-A)	未定	

15 プリント配線板関連の特許

パテントノート

現代の事業経営においては、知的財産権の管理が極めて重要です。他社特許の状況を十分把握し、自社の事業の支障とならないよう、さらにはライセンスを武器とするため、先行した特許出願や後発の場合の回避策検討を行う必要があります。プリント配線板関連では、製造工程や材料が数多く複雑であるため、参入する企業が非常に多く、他社動向を把握した上での戦略的特許活動が必要です。さらに今後は半導体後工程の技術領域と重なる部分が多くなるため、その重要性はますます高くなるでしょう。

戦略的特許活動では、まず関連特許を調査し把握する必要があります。詳細な調査は各企業で担当者が実施しますが、多くの関係者各々が特許の動向に関心を持つことも意味があります。プリント配線板業界では、そのための情報として中心となる団体である一般社団法人日本電子回路工業会（JPCA）の機関誌JPCA NEWSにおいて、毎月関連特許をピックアップした「プリント配線板関連公開特許情報」（パテントノート）が掲載されています。これは、毎月のプリント配線板と半導体パッケージ関連の公開特許から30件が抜粋され、まとめられたものです。現在の技術トレンドや主な技術プレーヤーを把握でき、さらに詳細を知りたい場合は無料で検索・照会可能な公的データベースであるJ-PlatPatを用い、明細書を見て調査できます。

図1は、このパテントノートに2020〜2022年に掲載された特許の分類で、材料に関する特許が多いことがわかります。**表1**は、材料に関する3年間の特許（約600件）のキーワードを抜粋してまとめたものです。いろいろな材料に関する特許が出願されていますが、現在は絶縁材の低誘電損失特性を特徴としたものが多いようです。特許動向は変化しますので、随時、パテントノートなどで、より正確な特許情報取得が必要です。

要点BOX
- ●プリント配線板でも戦略的特許活動が重要
- ●情報収集にはパテントノートの参照が有効

図1　パテントノート各分類の件数

（毎月全部で30件　2020年1月～2022年12月の月毎の平均）

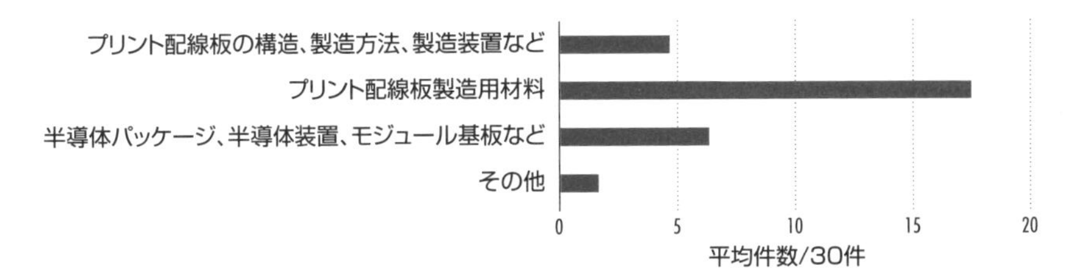

表1　プリント配線板に関する公開特許の代表的キーワード

（2020年1月～2022年12月　JPCA NEWS掲載分から）

材料の分類	主な出願多数のアイテムと特徴		少数アイテム
樹脂	熱可塑性液晶ポリマ樹脂	ポリフェニレンエーテル含有樹脂（低誘電正接）	伸縮性樹脂フィルム 黒色感光性樹脂組成物 紙媒体電気回路 放熱性フレキシブルプリント基板 白色樹脂組成物
	フッ素樹脂基板積層体・フィルム	テトラフルオロエチレン系ポリマ（低誘電正接）	
	フレキシブル配線板に適した柔軟性硬化物	ポリイミドフィルム（高周波帯用、高耐熱性） ポリエステル	
	低誘電率・誘電正接樹脂組成物	マレイミド化合物 活性エステル化合物	
	オレフィン系樹脂	環状・変性ポリオレフィン（低誘電特性）	
	エポキシ樹脂組成物	耐熱性、低熱膨張性、低誘電正接　フィラー	
	ソルダーレジスト	インクジェット描画　アルカリ現像　耐熱性	
	層間絶縁層用感光性樹脂組成物	フォトビア形成　密着性　解像性	
	ビルドアップ層間絶縁フィルム	低反り　高密着性　低粗さ	
他の絶縁材料	ガラスクロス	表面処理　低誘電率　石英	多層セラミックス基板
	セラミックス	低誘電損失	
	窒化アルミニウム焼結体	接合強度　信頼性	
	窒化珪素系セラミックス	放熱性	
導体材料	銅箔	表面処理銅箔　キャリア箔付銅箔　樹脂付き銅箔	伸縮性導電ペースト キャリア箔付電解アルミニウム箔 ナノ双晶銅層 キャリア箔付電解アルミニウム箔
	無電解銅めっき液	めっき欠陥抑制	
	導電性インク	感光性導電組成物	
	導電性ペースト	ビア充填	
複合材料	ガラス配線基板	貫通孔を有するガラス配線基板	インダクタ内蔵基板 キャパシタ内蔵用樹脂組成物 布帛状積層回路構造体
	伸縮性配線基板	ウェアラブルデバイス	
	リジッド・フレックス多層プリント配線板	折り曲げ性	
	銅／セラミックス接合体	接合界面応力低減	
	金属ベース積層板	良好な熱伝導性　信頼性	
プロセス材料*	ドライフィルムレジスト	直描方式対応	ドライフィルムレジスト用保護フィルム ポジ型ドライフィルムレジスト サイドエッチ抑制レジスト
	銅エッチング液	パターンエッチ　精度 フラッシュエッチ　形状・平滑性維持	

*製造工程で使用するが、最終製品に残らない材料。プロセス関連の特許は材料よりも装置が多い。
（レーザ加工機、ドリル加工機、エッチング機、ラミネータなど）

〔JPCA NEWS 問合わせは一般社団法人 日本電子回路工業会広報担当（NEWS@jpca.org ）へ〕

Column

車はソフトウェアの時代か？

環境問題に端を発して、脱炭素技術が非常に注目されています。自動車は、これまで排出ガス規制が厳しく行われてきましたが、ZEV（Zero Emission Vehicle）規制により、排出ガスを一切出さない自動車への移行が求められています。

最近では、電気自動車（EV）でなければ車ではないなどと、各国での規制が厳しくなっています。これまでも車の自動運転への移行の中で、制御システムのデジタル化と共に、精密制御が可能なシステムの電動化が進んでいましたが、近年その動力源であるエンジンを含めた、さらなる電動化が加速しています。

車の電動化と共に開発が進められている先進運転支援システム（Advanced Driver-Assistance Systems）があります。これを支える1つの柱として、無線通信を経由してインターネットに接続され、最新情報の送受信ができるコネクテッドカー技術があります。インターネットとつながることで、最新の道路情報や車載機器では検出できない周囲の気象、道路の環境情報の把握など、計り知れないメリットが生まれます。インターネットに接続されているため、運転に必要な周囲の情報だけでなく、自動車に搭載している制御機器のソフトウェアもアップデートできるOTA（Over The Air）という技術が採用されています。

ある大手電気自動車メーカーの車では、基本機能の他に、オプションセンサやコントローラなどの電子機器ユニットが、予め搭載して設計されているそうです。これらの機能を運転者が利用するためには、車載ソフトウェアをアップデートするだけでよいそうです。利用中の機能の不具合回避や更新のためのアップデートが可能になります。また、車への機能追加もソフトウェアのアップデートをすることで、搭載ハードを活性化して可能になります。非常に便利で良い機能です。

かつて、車を開発するには、さまざまな技術の擦り合わせが必要で、車産業は基幹産業と言われた時代もありました。先ごろ、イメージ・センシングで有名な会社とある車メーカーが新規にEV開発で新会社を設立するという二ュースを聞きました。かつてパソコンがIBM PCの登場でコモディティ化されて参入障壁が低くなったように、EVはソフトウェアと言われ、様々なメーカーからのビジネス参入が試みられています。

実装技術に関わる
エレクトロニクスの基礎知識

16 プリント配線板の電気的な基礎知識

配線パターンの抵抗、静電容量、インダクタンス

プリント配線板は、半導体部品（IC）、抵抗、コンデンサ、コイルなどの部品をはんだ付けして電子回路を構成し、直流・交流（高周波デジタル）の信号を伝達する役目を果たしています。直流・交流ともに、オームの法則に従って信号が伝達されます。

一般的なプリント配線板は、ガラスエポキシなどの絶縁体に導体である薄い銅箔を貼りつけた銅張積層板という材料を使い、銅箔をエッチングすることで回路形成しています。電気の通しやすさは「銀、銅、金、アルミニウム、鉄…の順となっており、プリント配線板で使われている銅は電気を通しやすい材料です。しかし、プリント配線板の配線は幅が細く、銅箔が薄いため断面積が小さいので、小さな金属抵抗器の集まりとみなすことができます。これは見えない（ここで「見えない」とは、回路図に描かれていないことを示します）微小な抵抗です。また、見えない抵抗のほかに見えないキャパシタンス（静電容量、寄生容量とも呼びます）、見えないインダクタンスがあり、電気回路の高速動作に影響を与えます。

コンデンサは、2枚の導体の間に絶縁体を挟んだ構造であり、基板では配線パターンと電源またはグラウンド層とで構成され、導体間の絶縁層の誘電率によって特性が決まります。インダクタンスと言うと電線を巻いたコイルのようなものを想像しますが、まっすぐな電線（配線パターン）にもわずかながらインダクタンスの成分があります。

信号の周波数が高くなるとリアクタンスという交流に対する抵抗成分が大きくなり、直流抵抗を含めたインピーダンスを考慮した設計が必要になります。高速信号を正確に伝えるには、比誘電率の小さい材料、誘電正接の小さい材料が望まれます。また配線パターンも表皮効果と呼ばれる現象があるため、銅箔表面の凹凸が少ない形状が望まれ、基板製造プロセスと合わせて、材料選定が重要となります。

要点BOX
- ●配線パターンには、見えない抵抗、静電容量、インダクタンス成分が存在する
- ●配線パターン表面は凹凸が少ない形状が有効

図1　直流と交流

●直流

◉メリット

蓄電が可能

電流が安定していて電化製品に使いやすい

▲デメリット

電圧を変えることが難しい

●交流

◉メリット

電圧を変えることが簡単

高周波は無線通信が可能

▲デメリット

波なので電圧が安定しない

図2　オームの法則

●オームの法則

一番の基本ルール

電気回路の2点間の電位差は、2点間に流れる電流に比例する。比例定数は抵抗値となる。

$V=IR$

電位差＝電流×抵抗

この式は直流でも交流でも同じ

図3　配線の抵抗

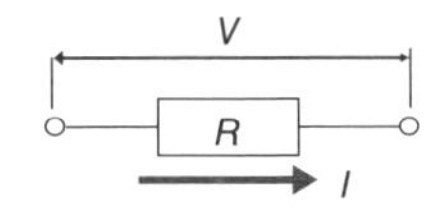

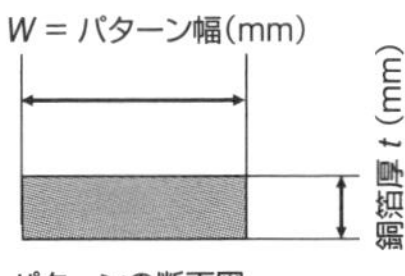

パターンの断面図

均質で一様な断面S[m²]を持ち、長さL[m]の配線抵抗R[Ω]は銅の固有抵抗をρ[Ω·m]とすると、

$$R=\rho\frac{L}{S}\ [\Omega]$$

$\rho=1.724\times10^{-8}$ [Ω·m] (at 20℃)

$S=W\cdot T$ （W＝パターン幅(mm)、t＝銅箔厚(mm)）

で求めることができる

※パターンの断面積S[m²]を正確に入力すると、抵抗値計算の精度が向上します。

図4　配線の静電容量

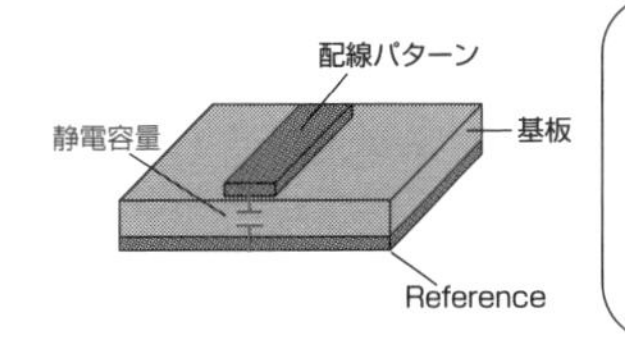

静電容量は以下の式で求めることができます

$$C=\varepsilon\left(S/d\right)\ (\mathrm{F})$$

C：キャパシタンス　ε：誘電率　S：電極の面積　d：電極間の距離

$\varepsilon=\varepsilon_0\times\varepsilon_r$　ε_0:真空中の誘電率　ε_r:比誘電率

$\varepsilon_0=8.854\times10^{-12}$[F/m]

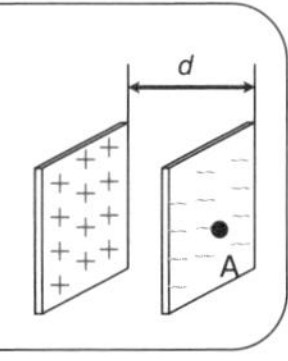

図5　配線のインダクタンス

インダクタンスというと電線を巻いたモノを想像するが、まっすぐな電線（導体）にもわずかながらコイル成分があるんだ！

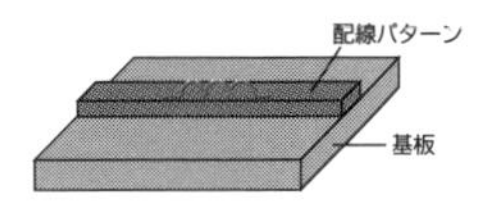

インダクタンスは以下の近似式で求めることができます

厚さt [μm]、配線パターン幅W [mm]、長さL [mm]

$$L_P=0.0002\times L\times\left[\ln\left(\frac{2\times L}{W+t}\right)+0.2235\times\left(\frac{W+t}{L}\right)+0.5\right]\ [\mu\mathrm{H}]$$

例：銅箔厚35μm、配線パターン幅1.0mm、配線長10mmの信号線は、約7nHのインダクタンスを持ちます

17 コンピュータの歴史と半導体技術の進化

集積回路、マイクロプロセッサ、フラッシュメモリ

コンピュータは歴史が古く、歯車などを使った機械式のアナログ計算機もありました。その後、電気を使ったリレー式、真空管を使ったデジタル式計算機などが開発されました。主記憶装置にプログラムを格納し、順番に読み込んで実行していく方式をノイマン型コンピュータ（数学者ジョン・フォン・ノイマン氏らが1946年に提唱）と呼び、現在普及しているコンピュータのほとんどがノイマン型です。

世界初のコンピュータ「ENIAC」は、総重量30トン、約18000本の真空管を使ったものでした。

その後、トランジスタが発明され、真空管はトランジスタに置き換えられ、小型・軽量・低消費電力化が進んでいきます。やがて半導体による集積回路技術が実現され、LSIの集積密度は「ムーアの法則」に沿って進化していきます。

1971年、日本のビジコン社からの電卓用LSIの開発依頼に対して、インテル社がi4004を開発、世界初のシングルチップマイクロプロセッサが誕生しました。その後、電卓・マイコン・パソコンがブームとなります。1980年、東芝が電源を切ってもデータが消えない不揮発性の半導体メモリ、「フラッシュメモリ」を発明、今ではパソコンやスマートフォンなどに必要不可欠のものとなっています。

半導体技術の進化は、家庭の娯楽スタイルにも革新をもたらしました。1983年、任天堂が8ビットCPU搭載の家庭用ゲーム機「ファミリーコンピュータ」を発売して、新しい市場を創出しました。

ノイマン型コンピュータに対して、非ノイマン型コンピュータもあります。これには脳神経回路の仕組みを元にしたニューロコンピュータ、量子力学を情報処理に応用した量子コンピュータなどがあります。これらのコンピュータは、ノイマン型コンピュータよりも高速、かつ高度な情報処理を実現可能にするものとして期待されています。

要点BOX

- ●トランジスタと集積回路技術によりプロセッサが誕生し、パソコン、スマートフォンが登場
- ●コンピュータはノイマン型と非ノイマン型がある

図1　真空管、トランジスタ、半導体

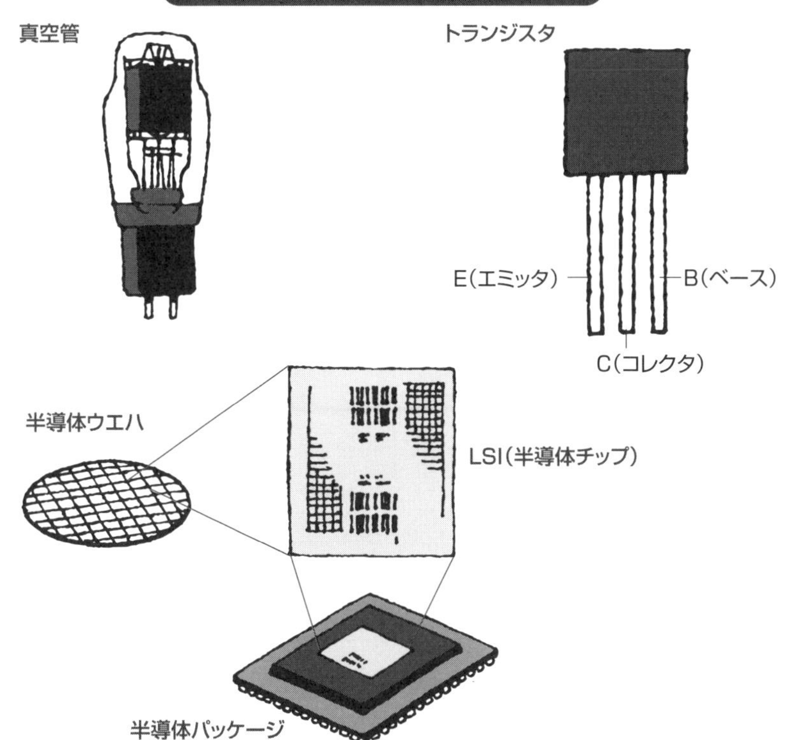

図2　ノイマン型コンピュータの構成

ノイマン型(記憶装置型)コンピュータとは、プログラムをデータとして記憶装置に格納し、これを順番に読み込んで実行するコンピュータ。

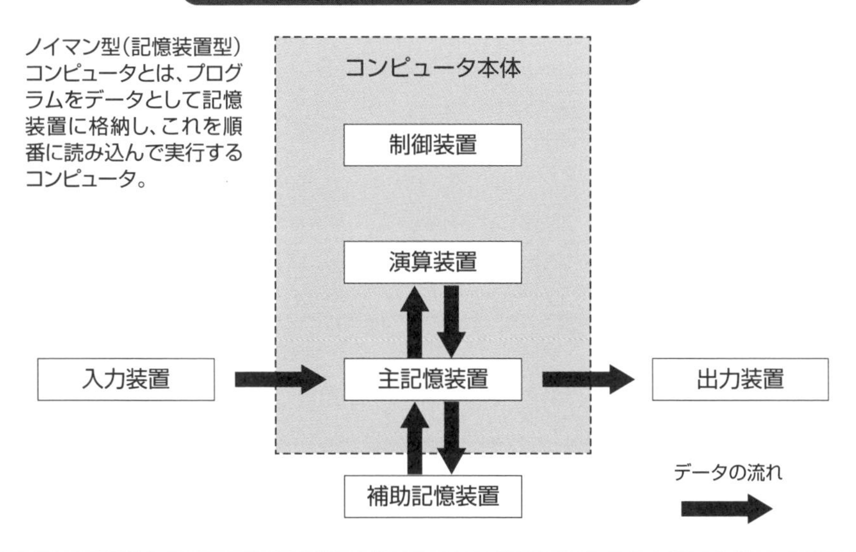

18 プリント配線板の層構成

層構成によって特性インピーダンスの計算方法が違う

図1に示すようなプリント配線板は、25項で説明されていますようにエッチングなどによってパターン形成された各層の材料をプレスによって積層して作られます。材料はコア材と呼ばれる硬化された材料と、プリプレグ材と呼ばれる半硬化状態の材料を積層プレスするため、プリプレグ材はその隣接するパターン層の状況や面積（詳細は24項参照）によって仕上がりの厚さが変わります。

多層プリント配線板では、一般的に電源やGNDを内層のベタ面（理想的には無限に広いベタ面として、Reference層と呼びます）として形成し、その隣接層に信号配線を形成するように設計します。図1では第1層、第3層、第4層、第6層が信号層です。高速でノイズの影響を受けたくない信号は内層を使います。このとき、特性インピーダンスを整合したい配線に対して、電源やGNDベタ面の断面構造を確認します。第1層、第6層は図2ⓐ外層配線（マイクロストリップライン構造）、第3層、第4層は図2ⓒ内層配線（ストリップライン構造）であることがわかります。2つの構造の大きな違いは、信号の片側に電源やGNDのベタ面があるか、両側にあるかの違いです。構造が把握できれば、あとは図2ⓑまたはⓓの近似式や、シミュレータに数値を入力することで、特性インピーダンス値の計算ができます。一般的な基板の特性インピーダンス値は50Ω～70Ω程度の値を示します。

近年、USBやEthernet、PCI Expressなど高速シリアルバスと呼ばれる差動伝送方式が増えています。図3のように、2本の配線を一対の伝送線路として用いる方法を差動伝送線路と呼びます。お互いに逆向きに電流を流すことで、磁束が打ち消されるので、ノイズが低減できます。また、差動伝送は信号振幅を小さくしても誤動作しにくいという特徴もあります。

要点BOX

●信号線と電源やGNDの断面構造で、ストリップライン構造とマイクロストリップ構造に分かれる
●USBは高速シリアルバスという差動伝送線路

図1　プリント配線板の層構成例

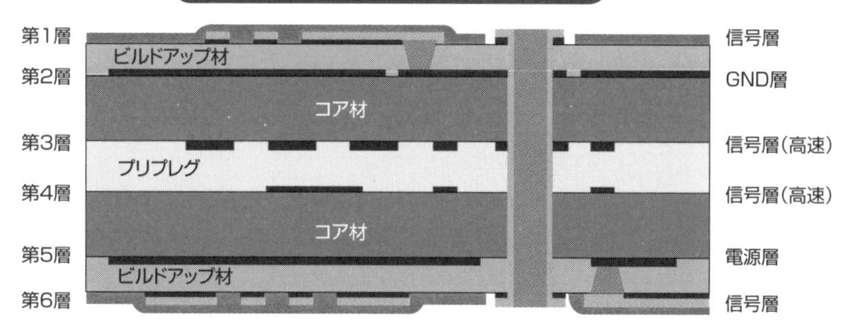

図2　プリント基板の特性インピーダンスの計算方法

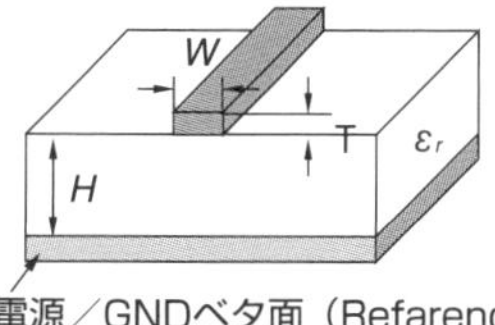

W：配線幅（mm）
T：配線厚さ（mm）
H：絶縁層間距離（mm）
ε_r：材料の比誘電率
（FR-4：4.8）

(c)内層配線（ストリップライン構造）

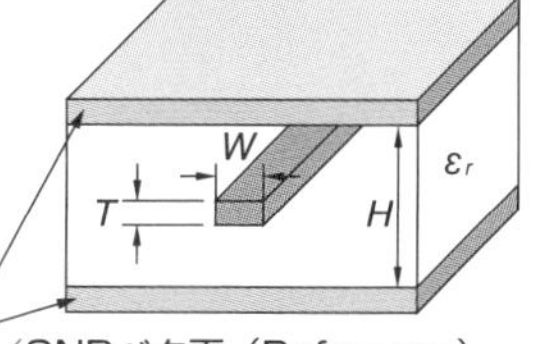

(b)<近似式>

$$Z_0 \fallingdotseq \sqrt{\frac{L}{C}} \fallingdotseq \frac{87}{\sqrt{\varepsilon_r + 1.41}} \ln \frac{5.98H}{0.8W+T} \quad (\Omega)$$

(d)<近似式>

$$Z_0 \fallingdotseq \sqrt{\frac{L}{C}} \fallingdotseq \frac{60}{\sqrt{\varepsilon_r}} \ln \frac{3.8H}{0.67\pi(0.8W+T)} \quad (\Omega)$$

半導体パッケージ基板／プリント配線板では、図(a),(c)に示すような構造で特性インピーダンス値が決まり、図(b),(d)に示すような近似式によってそのおよその値を計算することができます。

〔出典:長谷川清久,牧野俊彦;エレクトロニクス実装学会誌,Vol.25,No.5,pp.472 (2022)〕

図3　差動伝送線路とは

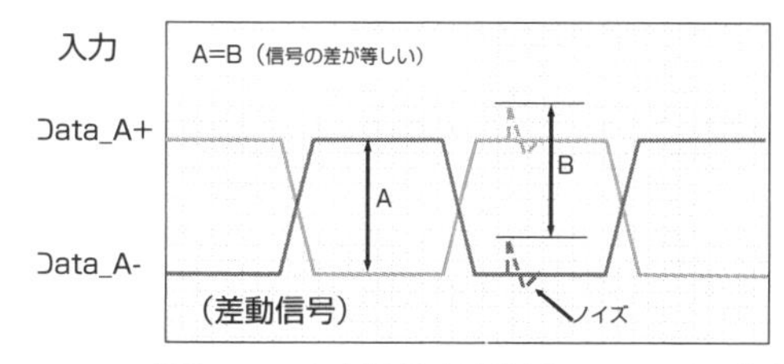

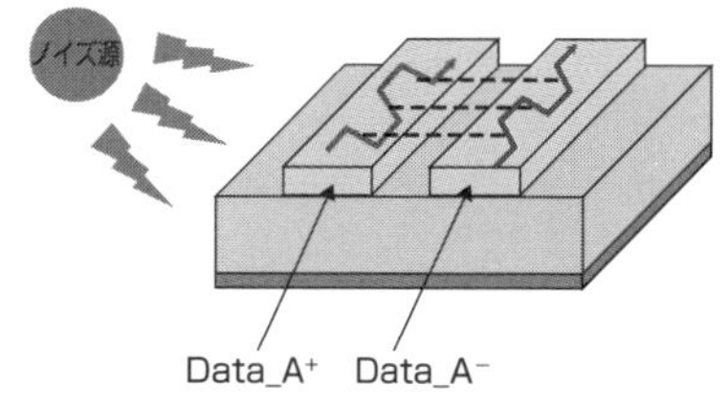

Ethernet、USB、PCI Expressなどの
高速シリアルバス

■差動伝送線路の特長

◎低振幅化が可能
　→高速化に向く。低消費電力

◎外来ノイズに強い
　→ノイズを出さない、受けても
　　打ち消しあう

19 高速な信号伝送に必要なこと

高速信号のために遅延時間を小さく抑える

1990年代、基板に流れる信号の周波数は高速でも100MHz程度でした。これが2000年代には高速なメモリバス、高速シリアルバス(USB3.0、Ethernet、PCI Express)などの高速な伝達規格によって2・5GHz以上となりました。高速信号は、基板の配線を分布定数回路(図1)として扱う必要があります。これを伝送線路と呼び、特性インピーダンス整合をし、遅延時間を制御する必要があります。

遅延とは、分布定数回路において信号が伝送線路を伝搬するときの伝搬に掛かる時間であり、伝搬遅延時間とも呼びます。図2は配線の遅延時間の計算式を示したもので、絶縁材(コア材やプリプレグ材)の比誘電率を使用します。図3はシミュレータを使用して特性インピーダンス値と単位長さあたりの遅延時間を求めたもので、配線幅や層構成によって値が異なることがわかります。

高速な信号伝送に必要なことは遅延時間のほかに、複数のバス信号の長さを揃えたり(等長配線)、クロストークを小さく抑えたり、信号減衰を小さく抑えたりする必要がありますが、その多くは基板設計時の配慮で改善が期待できます。基板材料としては、減衰を小さくするために、低損失材(比誘電率が小さく、誘電正接が小さい)であること、配線の表面の凹凸が少ないことなどが望まれています。

モジュール化などで実装階層が複雑になり配線遅延が問題になっていますが、これを解決するひとつの手段として、12項で解説したチップレット技術があります。図4に示す赤線は信号の経路で、配線による遅延時間を示します。遅延時間が大きいと制御信号の送信タイミングが間に合わず、誤動作しますので、これを解決できるチップレット技術に期待が集まっています。

要点BOX
- 高速信号は、遅延時間、等長配線、クロストーク、減衰を小さくすることが求められる
- 減衰を小さくするためには低損失材料が有効

図1　配線の遅延とは

伝搬遅延時間　$T_d = \sqrt{LC}$

R：単位長あたりの抵抗

L：単位長あたりのインダクタンス

C：単位長あたりのキャパシタンス

G：単位長あたりのコンダクタンス

分布定数回路　遅延とは、分布定数回路において信号が伝送線路を伝搬するときの伝搬に掛かる時間であり、伝搬遅延時間と呼ばれる

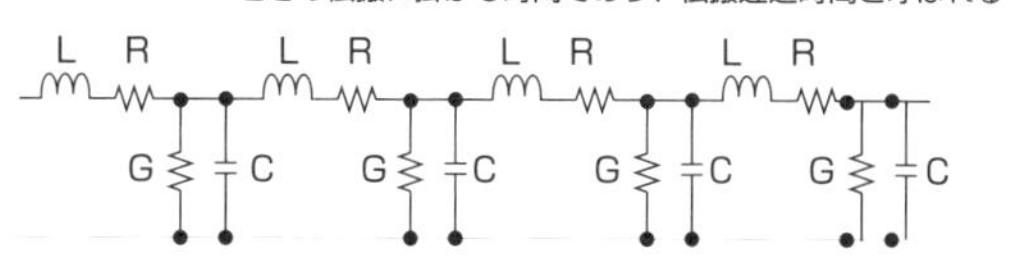

〔出典:長谷川清久,牧野俊彦;エレクトロニクス実装学会誌,Vol.25,No.5,pp.472 (2022)〕

図2　遅延時間の近似式

外層　内層

プリント配線板の伝播遅延時間の計算

伝播速度　$v = C_0 / \sqrt{\varepsilon_{re}}$　（C_0：光速＝3×10^8m/s）

遅延時間　$T_d = 1 / v = \sqrt{\varepsilon_{re}} / C_0 \fallingdotseq \sqrt{L \cdot C}$

外層：$3.33 \times 10^{-9} \sqrt{\varepsilon_{re}}$（ns/m）　※$\varepsilon_{re} = 0.475\varepsilon_r + 0.67$　$\varepsilon_r = 4.8$(FR-4)

内層：$3.33 \times 10^{-9} \sqrt{\varepsilon_{re}}$（ns/m）　※$\varepsilon_{re} = \varepsilon_r$

遅延時間の近似式では、ε_{re}という実効比誘電率を使います。内層の実効比誘電率は比誘電率を使いますが、外層の実効比誘電率は、隣接する空気の影響を受けるので補正式で求めます。

図3　特性インピーダンス、遅延時間のシミュレーション例

シミュレータを活用すると、近似式よりも正確な特性インピーダンス値や遅延時間を求めることができます。層構成やパターン幅により遅延時間が異なることがわかります。

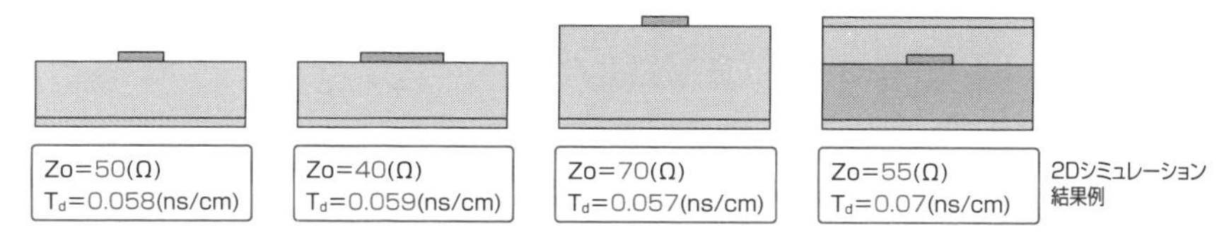

Zo=50(Ω) T_d=0.058(ns/cm)	Zo=40(Ω) T_d=0.059(ns/cm)	Zo=70(Ω) T_d=0.057(ns/cm)	Zo=55(Ω) T_d=0.07(ns/cm)

2Dシミュレーション結果例

図4　チップレットは配線長が短い

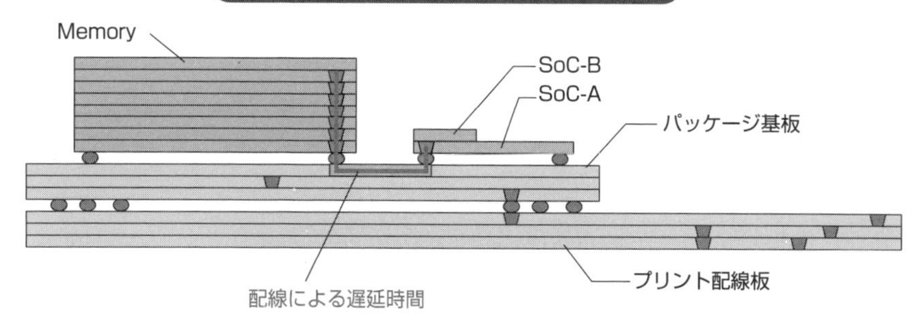

20 半導体パッケージ構造と熱設計

伝熱は伝導、対流、放射（輻射）の3つの経路

半導体デバイスは、正常に動作する温度範囲が決められています。最大接合部温度（最大ジャンクション温度）とは、半導体が動作する最大の保証温度で、ICが消費する電力による発熱やパッケージ構造、周囲温度などを考慮した熱設計が必要です。

伝熱には伝導、対流、放射（輻射）の3つの経路があり、基板に実装された部品は、伝導が支配的です（図1）。したがって、半導体パッケージの熱をはんだボールを経由して基板側に逃がすか、または半導体パッケージ上部に取り付けたヒートシンクやヒートパイプを経由して筐体側に逃がします。

QFPパッケージの場合、ボディーが大きく、さらにリードフレームと呼ばれる金属の足が複数ありますので、この経路で熱を基板側に効率的に逃がすことができます。一方、BGAパッケージの場合、ガラスエポキシなどのパッケージ基板上に半導体デバイスを実装し、はんだボールは基板の下側という構造になるため、図2(a)のように基板が断熱材のような構造となります。これを改善するために、熱設計を行い、半導体デバイス直下に銅部品を埋め込んだ(b)「銅インレイ基板」や(c)「サーマルスルーホール基板」という技術が開発されています。

熱を効率良く逃がすためには、熱伝導率の高い材料を使い、できるだけ短い経路で接触させるようにします。表1のように、エポキシ樹脂などは熱を通しにくいので、できるだけ薄く（短い経路）したり、シリカなど熱伝導率の高いフィラーを混ぜたりしながら、熱伝導の良い放熱構造を実現します。

近年の電子機器は小型化が進んでおり、単位体積あたりの発熱量が増加しており、熱管理（サーマルマネージメント）の重要性が増しています。機器を最適な温度に保つためには、発熱源、構造と伝熱の経路予測、材料と製造プロセスの知識など熱設計が重要であり、シミュレータの活用が効果的です。

要点BOX

●半導体デバイスは動作温度範囲が決まっている
●銅インレイ基板、サーマルスルーホール基板
●熱設計にはシミュレータの活用が効果的

図1 大気放熱型部品と基板放熱型部品

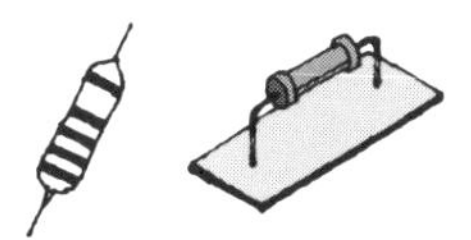

リード付き部品は、発生した熱の8割程度が部品表面から周囲空間に放熱される

表面実装部品は、発生した熱の9割以上は基板へ伝導し、その後周囲空間や筐体に放熱される

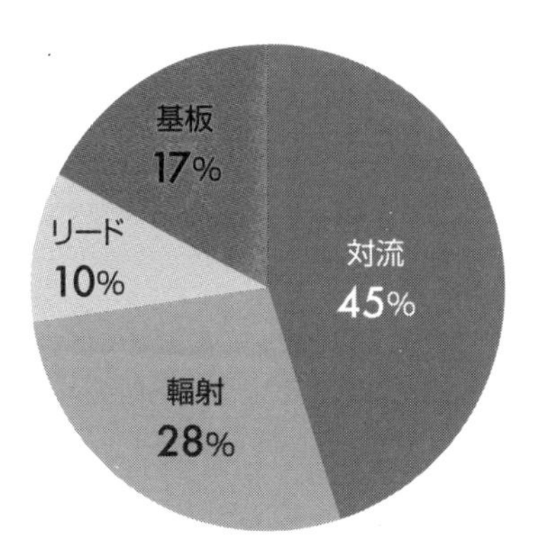

(a)リード付き抵抗器の放熱割合

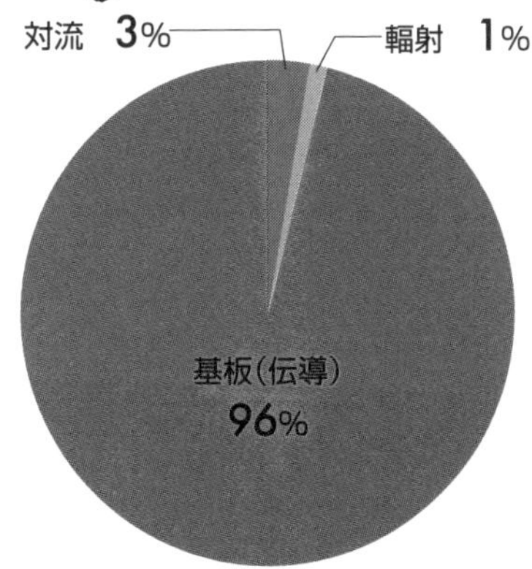

(b)チップ抵抗器の放熱割合

〔出典:平沢,福江,内田,有賀,梶田;エレクトロニクス実装学会誌,Vol.24,No.2,pp.193 (2021)〕

図2 伝熱基板技術

PWB

(a)リファレンス基板

一般的な基板材料が表面から裏面への伝熱経路であるため、特別な伝熱経路をもたない

銅部品

PWB

(b)銅インレイ基板

銅インレイ表面に発熱素子を直接はんだ実装する構造で、銅インレイ経由で直下に伝熱する

(c)サーマルスルーホール基板

発熱素子のフットプリント内に狭ピッチでスルーホールを配置することにより、表面から裏面へ伝熱する

〔出典:戸田光昭、大関政広、志々目和男;エレクトロニクス実装学会誌,Vol.19,No.5,pp.305 (2016)〕

表1 材料の熱伝導率

材料	熱伝導率【W/(m·k)】
カーボンナノチューブ	3000〜
ダイヤモンド	1000〜
銅	403
炭化ケイ素	270
アルミニウム	236
シリコン	168
はんだ	46.5
アルミナ	36
シリカ	8
石英ガラス	1.4
エポキシ樹脂	0.2
空気	0.0241

21 プリント配線板の測定方法

測定は検査をするためのひとつの手段

測定とは、長さや重さなどさまざまな量を器具や装置を用いてはかることと辞書に書かれています。JIS規格(JIS Z8103)では、「ある量を、基準として用いる量と比較し、数値又は符号を用いて表すこと」と定義づけています。「測定」は、単にある量を数値化するルーチン的な作業の領分を指します。また、検査は測定して、規格に適合しているか判定することであり、測定は検査をするためのひとつの手段です。類似する用語で、「計測」がありますが、これは「測定」の方法・手段を考究することも含まれ、こちらは技術者の領分です。

プリント配線板で測定する項目としては、**図1**に示したような寸法、電気特性、熱特性、機械・応力特性などがあります。寸法に関しては、要求仕様書のなかの外形図や、配線パターンの仕上がり値などが規定されており、出荷前の検査で確認します。電気特性に関して測定の指定が多いのは、24項で説明する「特性インピーダンス値」などです。高速な信号を扱うシステムでは必須の項目となっています。検査の方法として、初期は全数検査、安定した量産に移行した段階では工程能力を鑑みて、抜き取り検査になる場合があります。

また、製品やプリント配線板の設計初期段階で、シミュレーションに必要なパラメータとして材料特性などを測定することがあります。比誘電率(ε′)や誘電正接(tan δ)のように、単体の材料特性を測定するケースもありますが、設計に必要な知識として貫通ビアとビルドアップビアの特性を比較するようなケースもあります(**図3**)。

半導体パッケージ基板では、反りを抑えることが重要です。材料の熱膨張率差も重要ですが、設計されたパターンの表面と裏面のパターン比率の差などによって反りは変わります。リフロー実装するときには、反りの影響が出ないような制御もします。

要点BOX
- 材料特性はシミュレータの重要パラメータ
- パッケージ基板の反りは、チップ搭載時の基板反りだけではなく、ボードにBGA実装時も重要

図1　プリント配線板の測定項目と測定器の例

分類	項目	測定器(測定法)
寸法	基板外形、パターン幅、厚さ	座標測定器、ガラススケール、顕微鏡、スケールルーペ、マイクロメータ
電気特性	信号波形	オシロスコープ、ロジックアナライザ
	抵抗、インダクタンス、キャパシタンス	デジタルマルチメータ、抵抗計(4端子法)、LCRメータ、インピーダンスアナライザ
	特性インピーダンス、遅延	TDRメータ(タイムドメイン法)
	Sパラメータ、電源インピーダンス	VNA:ベクトルネットワークアナライザ
	比誘電率、誘電正接	LCRメータ(JIS C 2138:自動平衡ブリッジ法)、ネットワークアナライザ(JPCA-TM001:トリプレート線路共振器法)そのほかにも多くの方法が提案されています(図2参照)
熱特性	基板の発熱	赤外線サーモグラフィ
	熱抵抗	熱抵抗測定装置(EIA/JEDEC STANDARD 51-2)
機械・応力特性	反り、ねじれ	すきまゲージ、ハイトゲージ、レーザ変位計、シャドウモアレ
	ひずみ	歪みゲージ(ロゼット解析)
	熱膨張率	熱機械分析(TMA:Thermo Mechanical Analyzer)、JIS R 3251:レーザ干渉法、JIS K 7197:TMA法

図2　基材の誘電率測定法

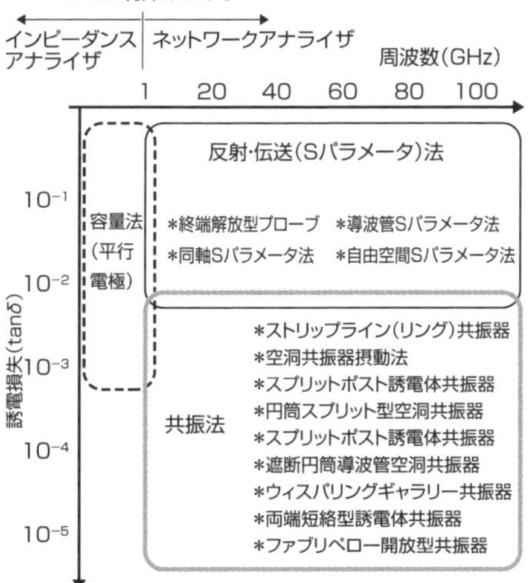

1GHzまでは容量法が主に使用され、1GHz以上においてはSパラメータ法・反射波法が高損失側、共振法が低損失側で使用されています

〔出典:戸高嘉彦,小林禧夫,福永香;エレクトロニクス実装学会誌,Vol.10,No.3,pp.190 (2007)〕

図3　アイパターン測定例

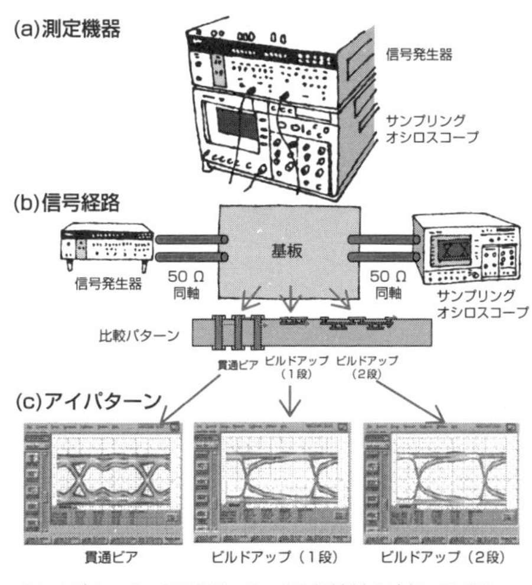

アイパターンの結果から、要求特性に対してどんなデザインをすべきか、事前に確認できます

Column

通信速度が30年で10万倍

時代が変わっても長く変わっていないものとして思いつくのが「茶碗や箸」、「傘」、「筆」、「手紙」など生活に身近なものです。手紙は電話やメールなど電気の力を借りて新しい手段に変わりつつあります。

電気を使って生まれたものには、電球、電話、冷蔵庫、洗濯機、エアコンなどに代表される白物家電、テレビ、ビデオ、音楽再生プレーヤ、HDDレコーダ、デジタルカメラなどに代表される黒物家電。また、科学技術計算のために開発された計算機は電卓やゲーム機などの世界的ヒットを経て一般化され、パーソナルユースでも使えるパソコンとなり、ワープロを経てオフィスでも使えるように進化しました。そしてかつてのスーパーコンピュータよりも処理能力が高いスマートフォンとして一人ひとりの手の中にあるところまで普及してきました。

コンピュータの計算速度だけではなく、ネットワークでつながる通信速度も飛躍的に高速化しています。通信の初期は、黒電話の受話器を音響カプラと呼ばれるモデムに密着させて固定する方式で、その通信速度は300bps程度でした。1985年に通信が民営化され、コードレス電話が普及し、パソコンのモデムカードにも接続でき、簡単にダイヤルアップ接続ができるようになりました。この頃の通信速度は、14・4〜56kbpsでした。当時の通信料金は従量制で「テレホーダイ」というサービスも流行しました。その後、ADSLを経て、現在はケーブルテレビ、光ネットワーク、高速無線通信などが一般的となっています。

インターネットへの接続の速度はその昔、NIFTYSERVEと呼ばれるパソコン通信サービスを利用している頃と比較して「30年で10万倍」高速になっています。

同様に扱うデータサイズも大きくなり、保存するストレージの大容量化は必須で、この先クラウド化に移行するのは確実です。各自でデータが消えないようにバックアップしていたリスク管理力。通信障害、停電への備えなどは、今後どう考えるのがよいのでしょうか?

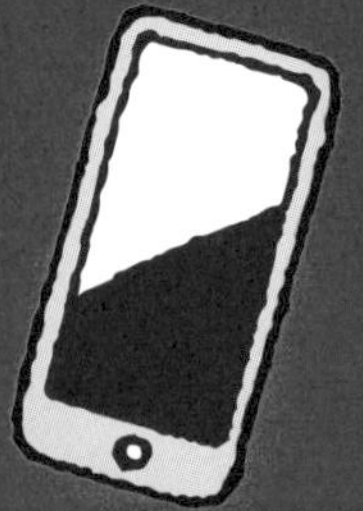

第4章 実装技術に関わるエレクトロニクスの基礎知識

22 回路設計とレイアウト設計

回路設計は部品選定と接続図の作成

回路設計とは、電子機器を新たにつくるにあたり、その部品を選定して、それらを接続する論理設計図（接続図）を作成することです。半導体チップ（ＩＣ）内の回路設計と、プリント配線板にＩＣや電子部品、コネクタなどを接続する回路設計があります。電子機器の機能仕様が決まった段階で、その機能を実現するＩＣを選定し、出力ピンと入力ピンをどのように接続するのかを示す図面、回路図を作成します。

図1は、回路図、レイアウト図、実装図の例です。これら回路図と外形図、部品リスト、個別仕様などを元にプリント配線板のレイアウト設計を行います。

回路図は部品間接続の論理図であり、物理的な大きさという概念がありません。これを物理的な図面に仕上げていくのがレイアウト設計者の役目です。使用する電子部品のサイズや具体的なピンの位置、形状、論理的な信号名などを調べ、ＣＡＤを使って実装用の図面を作成します。

レイアウト設計者は、回路図に従い電子部品の配置を行い、そのあとに配線を行います。このとき、高速な信号は特性インピーダンス整合（24項参照）や等長配線をするなど、個別仕様を満たす設計を行います。

なお、このタイミングで回路図どおりの動作をするか信号波形のシミュレーションを行い、論理どおり動作するか確認します。精度良くシミュレーションするには、仕上がり配線パターンの断面形状を正確に予測することと、正しい材料パラメータの入力が必要です。また、設計が終わったら、ＤＲＣ（デザイン・ルール・チェック）と呼ばれる設計ルールの確認や、製造仕様に合致しているかを確認（ＭＲＣ）します。

最後に、基板製造に必要なマスク用データ、穴あけ用の座標データ、外形加工用のデータなどを準備して、製造用治工具作成部門にデータを渡します。

要点BOX
- 回路設計者は、回路図、部品表、個別設計仕様を作成する
- レイアウト後にDRC、MRC、製造データを作成

図1　回路図の例

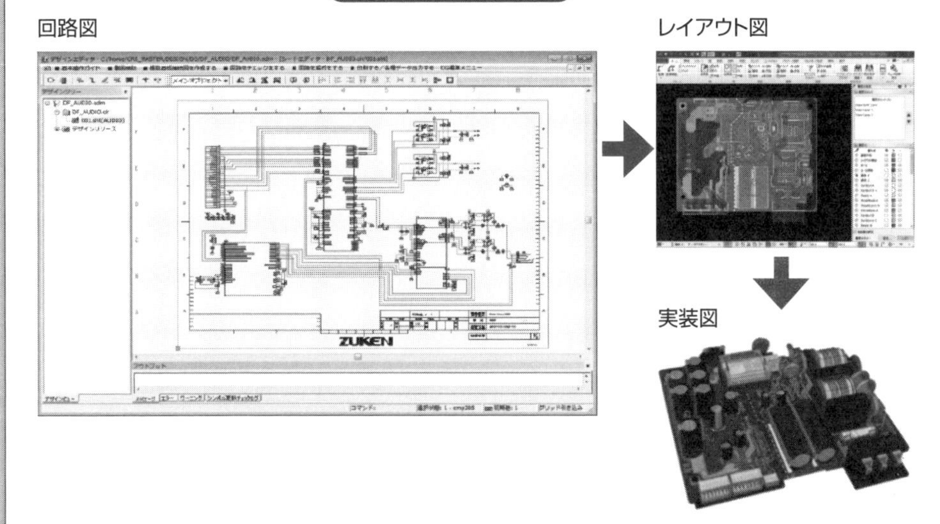

〔株式会社図研　提供〕

図2　設計工程フロー

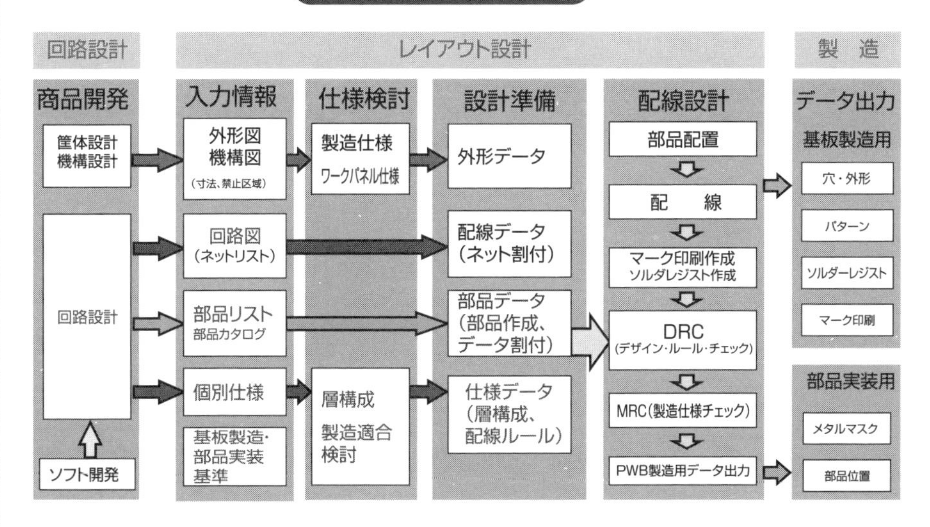

23 基板の反り低減

構造が複雑なパッケージは反りが発生しやすい

1970～80年代のパッケージはDIP(Dual Inline Package)と呼ばれる挿入実装型や、SOP(Small Outline Package)／QFP(Quad Flat Package)と呼ばれる表面実装型が主流で、パッケージから出た金属製のリード（足）が応力を緩和する役目を果たしていました。その後、多くの信号を基板と接続するためにBGA(Ball Grid Array)パッケージが開発されました。BGAは、コストや電気特性の観点からプリント基板と同じような材料やプロセスで製造されるようになり、薄型化、表裏の配線パターン形状や密度の不均一さなどから、パッケージ基板単体での反りが課題となっています（**図1**(a)、(b)）。図1(c)は、PoPパッケージ下段のFBGAパッケージの構成材料の例です。反りを抑えるには、材料の線熱膨張係数(CTE)を一致させることがポイントですが、半導体チップの材料であるシリコン（Si）、有機基板材料（コア材、ビルドアップ材、ソルダーレジスト）、配線材料である銅（Cu）、その他にもアンダーフィルや封止材などが大きく影響します。複数材料の組合せやパッケージ構造全体としての最適化が重要です。

また、**図2**のように使用するコア材、ビルドアップ材の厚さによって反り量が変わるため、要求される基板厚さに対して、どのような材料選定して基板層構成を決定するかが重要です。さらに配線や電源パターンを表裏で均一化するなどトータルでの設計配慮が必要となります。またBGAパッケージ基板をマザーボードにリフロー実装する際、常温からリフロー時の最高温度にし、はんだが溶融したのちに常温に戻る過程ではんだが冷えて固まります。はんだが固まる温度で反りが最小になるには、初期値はどのような状態であるべきかなど、温度変化をシミュレーションして、はんだ未接続による不良発生を抑えるようなアプローチも重要となります。

要点BOX

- 反りを抑えるには、材料の線熱膨張係数(CTE)を一致させることがポイントである
- リフローの温度変化の挙動をシミュレーション

図1　パッケージの反りと材料

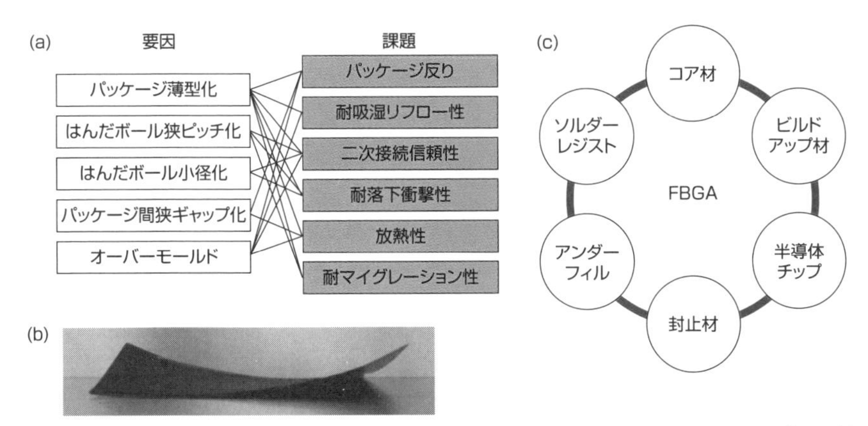

〔出典:竹越正明,鈴木直也,尾瀬昌久,池内孝敏;エレクトロニクス実装学会誌,Vol.15,No.2,pp.148（2012)〕

図2　基材厚さ/CTEによる基板の反り量を検討

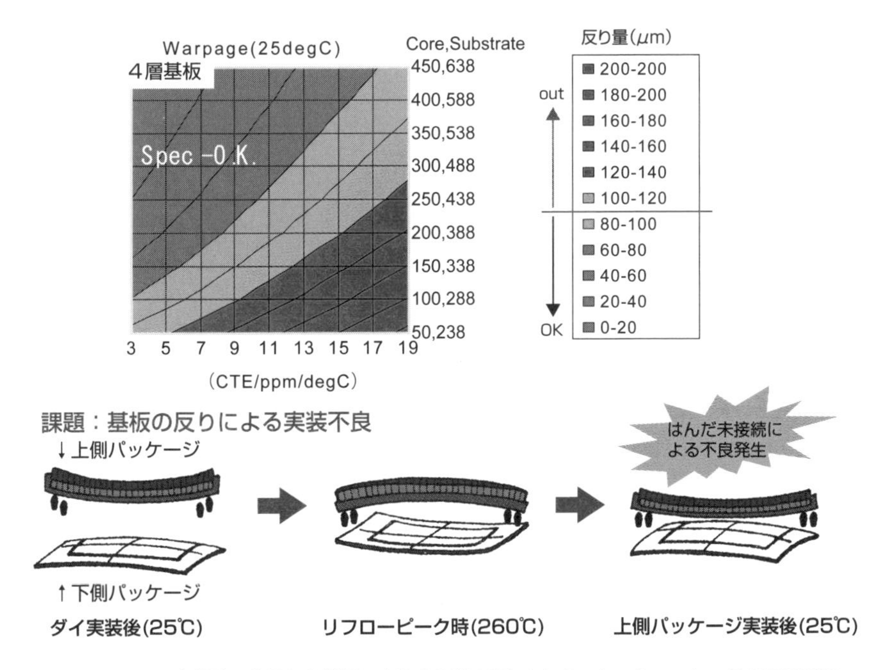

PoPはリフロー実装時の高温から常温に変化する際の反りをシミュレーションし、それぞれ最適な層構成と材料の組合せを検討することが必要

24 特性インピーダンス整合

特性インピーダンス整合は最も基本的で重要な項目

18・19・22項でも触れましたが、プリント配線板で高速な信号を扱う場合には、特性インピーダンス整合が必要であり、最も基本的で重要な項目となります。この項では、材料や製造プロセスに注目して、特性インピーダンスの説明を行います。

図1は、マイクロストリップライン構造における単線の特性インピーダンス値を示すもので、赤枠内は近似式を示しています。グラフは特性インピーダンス値の計算値に対して、配線幅（w）、配線厚さ（t）、電源／GNDベタ面（Reference）と配線の距離（h）、ソルダーレジスト（SR）厚さを変化させたときの影響度を表しています。同様に、**図2**は差動インピーダンスに関する内容となっています。グラフの傾きが小さいものは影響度が小さく、傾きが大きいものは影響度が大きくなっており、配線の幅とベタ面からの距離の影響が大きいことがわかります。また、差動インピーダンスにおいては、配線幅の影響が支配的に大きくなっており、エッチングによる配線幅コントロールが重要と考えることができます。

影響が大きい信号配線とベタ面からの距離に関して、**図3**に示します。ガラスクロス材は材料そのものの厚さですが、プリプレグ材は半硬化された樹脂ですので、積層プレスするときの隣接するパターンの形状（ベタ面か、密度の低い配線か）に依存して厚さが変わります（層間厚は赤枠内）。

プリント配線板の絶縁層は、ガラス布に樹脂を含侵して製造されます。絶縁材は拡大すると**図4**の左図のように見えます。信号線の直下がガラスクロスの密度が高いか、低いかによって、比誘電率（ε_r）が変わりますので、特性インピーダンス値が変化します。特性インピーダンス整合が極めて重要な品種では、ガラスクロスの網目方向に対してジグザグ配線して、特性インピーダンス値の変化を平均化するという工夫が施されることがあります。

要点BOX
- ●配線の幅とベタ面からの距離の影響が大きい
- ●特性インピーダンス値変化を平均化するためにジグザグ配線することも有効

図1　特性インピーダンス

基板の断面構造

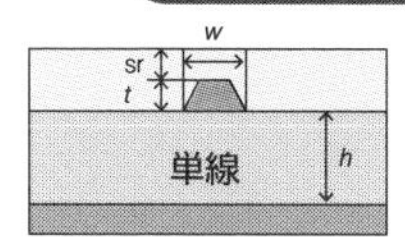

単線の特性インピーダンス値（近似式）

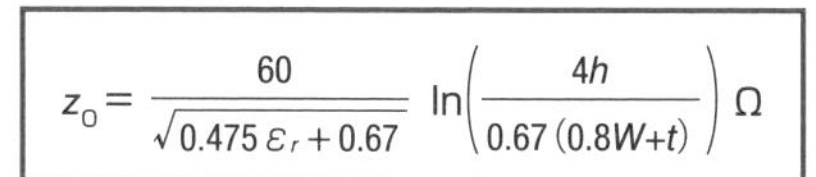

$$z_0 = \frac{60}{\sqrt{0.475\,\varepsilon_r + 0.67}} \ln\left(\frac{4h}{0.67\,(0.8W+t)}\right)\,\Omega$$

ε_r：基板材料の比誘電率

特性インピーダンスへの影響度

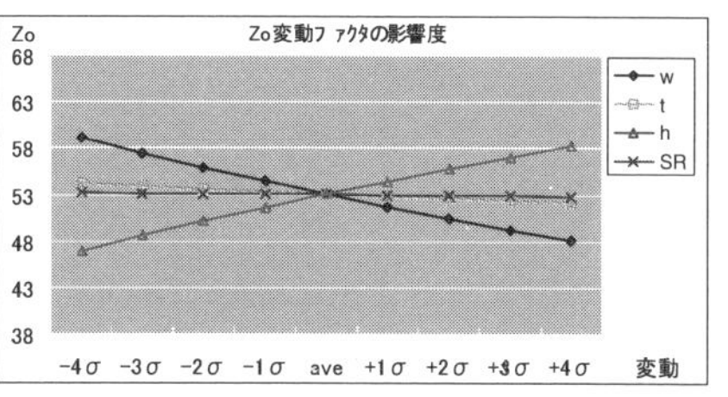

図2　差動インピーダンス

基板の断面構造

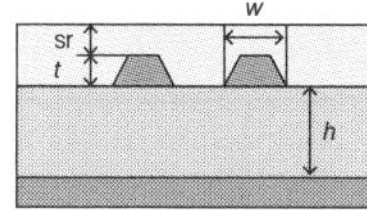

差動の特性インピーダンス値（近似式）

$$z_{DIFF} \approx 2 \times Z_0\left(1\text{-}0.48e^{-0.96\frac{S}{h}}\right)\Omega$$

差動インピーダンスへの影響度

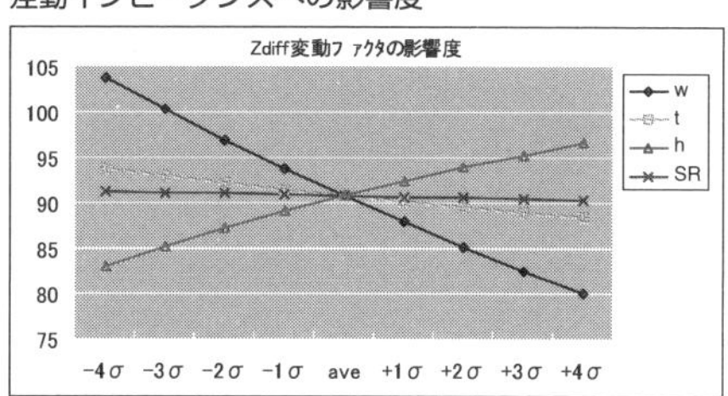

図3　層間仕上り厚さ

6層、1段ビルドアップ層構成

(a)

層	層構造	材料厚（μm）	仕上値（μm）
Lay1	Signal	12μm	50
		pp70*1	60
Lay2	Signal	12μm	35
		pp120*1	130
Lay3	Plane	35μm	35
		core1000	930
Lay4	Plane	35μm	35
		pp120*1	130
Lay5	Signal	12μm	35
		pp70*1	60
Lay6	Signal	12μm	50

(b)

ベタ面　配線　プリプレグ材

コア材

コア材

仕上がり厚さは、プリプレグ材の上下にあるベタ面、配線パターンの密度に依存する

$$層間厚＝（ガラスクロス厚×枚数）＋\frac{全樹脂量 − パターンに埋まる樹脂量}{面積×比重}$$

図4　ガラスクロスの影響を回避する工夫

(a)

低誘電率ガラスクロス

〔株式会社図研　提供:CR-8000のジグザグ整形機能〕

(b)

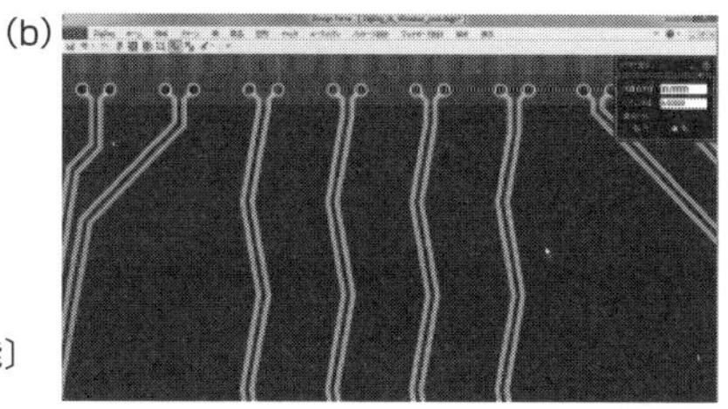

25 めっきスルーホールプリント配線板の製造プロセス

めっきスルーホールによる多層化工程

多層プリント配線板は、はじめに内層配線を作製し、積層後にスルーホール（貫通孔）を形成し、最後にめっきで層間の接続と外層の配線を行います。

図1はめっきスルーホール法で作成した多層プリント配線板の断面です。導体配線は内外層の面方向に形成し、板に穴をあけ、めっきにより層間を接続します。接続の不要な部分のめっきはバックドリル除去することもあります。

多層プリント配線板の製造プロセスを**図2**に示します。製造用のデータ、マスクを準備するため、回路図をもとに部品の配置などをCADで設計し、パターンマスクやドリルなどの製造用のデータを作成します。

めっきスルーホールプリント配線板の出発材料は銅張積層板などで、はじめに内層の作製を行い、これを接着シートであるプリプレグと積層編成を行い、加熱加圧で一体化し、内部に配線を持った積層体とします。この内層の配線と接続するために穴をあけ、穴壁にめっきを行います。めっき後に外層パターンを作製しますが、そのために外層上の導体にも同時にめっきがされます。まず、絶縁体表面を導通化するために無電解銅めっき（シード層）を行い、必要な厚さの電解銅めっきを行います。このめっきには、**図2**に示したパネルめっき法とパターンめっき法があります。めっき後、外層の導体パターンを作製し、プリント配線板として回路が完成します。さらにソルダーレジスト層を形成、外形加工、洗浄、検査を経て基板としても完成させ、部品実装工程へ供給します。

このめっきスルーホールプリント配線板は、次項のビルドアッププリント配線板のコアにも使われ、このプロセス中で多数の処理薬品が使用され、その管理が重要です。

要点BOX
- めっきスルーホールの多層化は、配線、穴あけ、めっきによる層間ビア接続などで作製する
- ビルドアッププリント配線板のコアにも使われる

図1 めっきスルーホールプリント配線板の断面構造

接続の不要な部分
(スタブ)
接続部分
接続の不要な部分
(スタブ)
内層パターン
外層パターン
絶縁基板
スルーホールめっき

貫通穴にめっきするため、接続の不要な部分にもめっきが析出、高周波でアンテナとなる。これをスタブと言う。
このため、板の完成後ドリル加工での除去が行われている。
バックドリルと言う。

図2 めっきスルーホールプリント配線板の製造プロセス

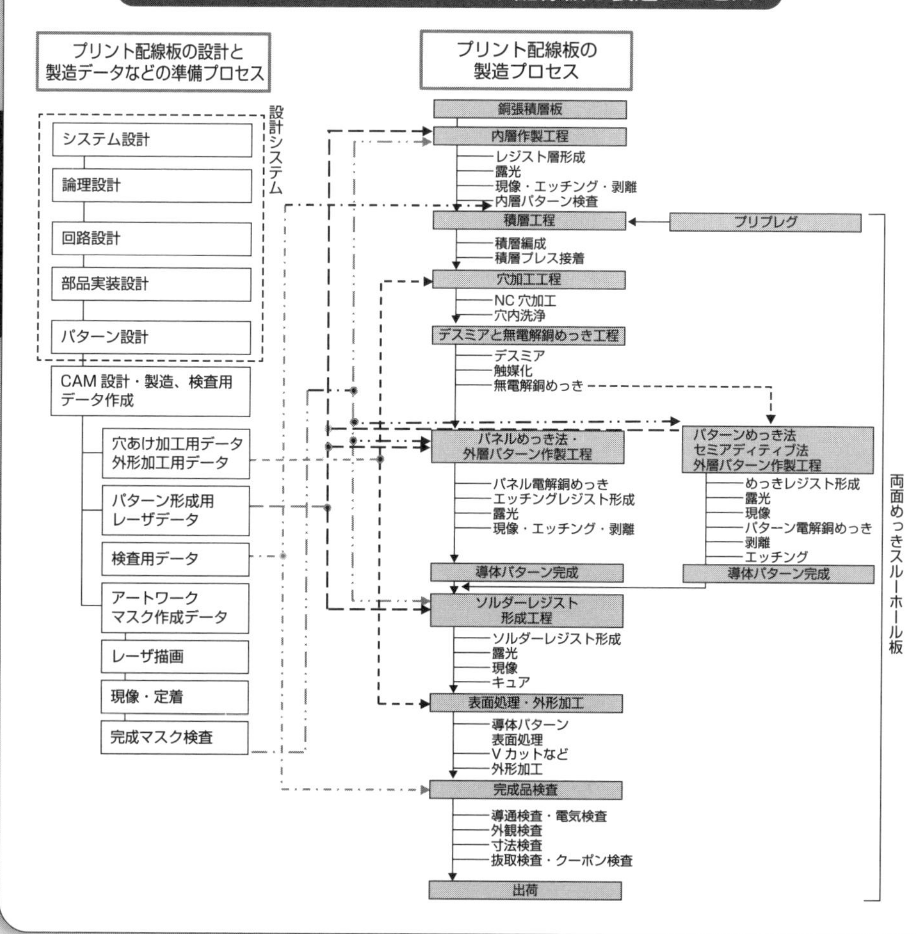

26 ビルドアッププロセス

世界的に使われている多層化手法

1990年頃より、ビルドアッププリント配線板の開発が急速に進み、1998年頃になるとプロセスがほぼ確立し、実用化されました。めっきスルーホール法に比べ、接続に不要な分岐（スタブ）がないため、高密度配線が可能で、世界的に活用されています（図1）。この手法は図2のように、1967年に提案されています。

通常、ビルドアッププリント配線板は、図3の断面図のようにコア基板の上下にビルドアップ層を形成します。コア基板は、めっきスルーホールの両面板や多層板を使用します。これにもビルドアップ層の密度に近い高密度の配線が必要です。

ビルドアッププロセスの全体は図4に示したもので、めっきスルーホール多層プリント配線板のプロセスと似ていますが、パターン形成はすべて外層パターン形成のプロセスです。絶縁層を重ねてビアをあけ、パターンを形成することにより、内層のパターンとなります。材料は樹脂付き銅箔、銅箔とプリプレグ、および熱硬化性樹脂フィルムなどが使われています。穴加工の多くは炭酸ガスレーザで、特殊なものはYAGレーザを使用しています。ビアと表面のめっきには、銅箔を用いるパネルめっき法とパターンめっき法、銅箔を用いないセミアディティブ法があります。セミアディティブ法では樹脂と無電解銅めっきの密着力を上げることが重要で、絶縁材に特殊な表面処理が必要です。極薄銅箔を用いたパターンめっき法も使われています。多層化工程を繰り返し行い、絶縁層と導体層を積層していきます。コア基板として薄い両面板に微細穴を設け、その上にビルドアップ層を形成する全層ビア構造のものも作られています。

このビルドアップの手法は、部品内蔵基板にも応用され、チップとの接続をビルドアップ法で行って高密度化を図ることも可能です。

要点BOX
- ●ビルドアップのパターン形成はすべて外層プロセス
- ●ビルドアップの手法は部品内蔵基板でも使う

図1　ビルドアッププロセスによる多層プリント配線板の模式図

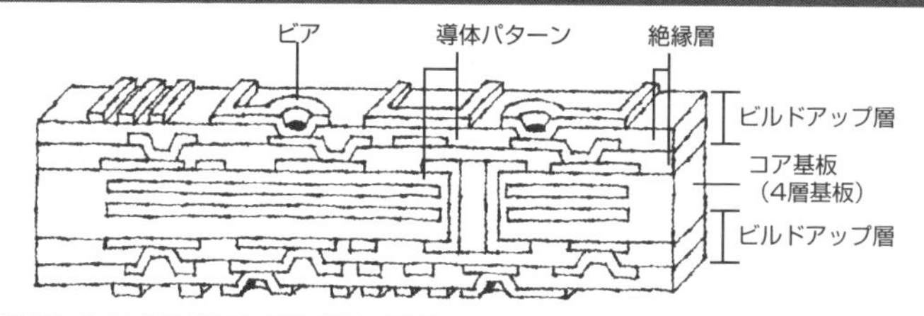

図2　Plated-up technique(1967) による プリント配線板の断面図

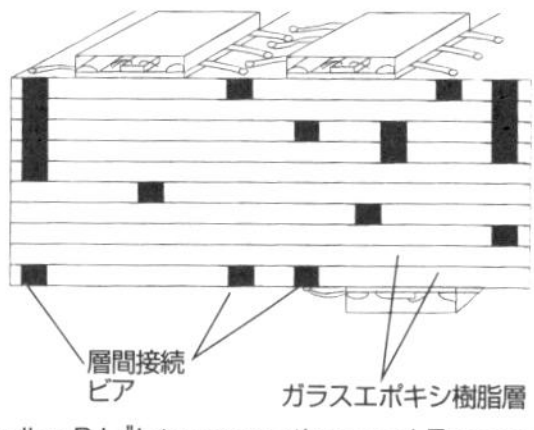

出典:Beadles,R.L:"Interconnections and Encapsulation" AD 654-630,vol.14 of "Integrated Silicon Device Technology",ASD-TDR-63-316,Reserch Triangle Institute,May,1967.

図3　ビルドアッププロセスによる 多層プリント配線板の断面の例

図4　ビルドアップ法による多層プリント配線板のプロセス

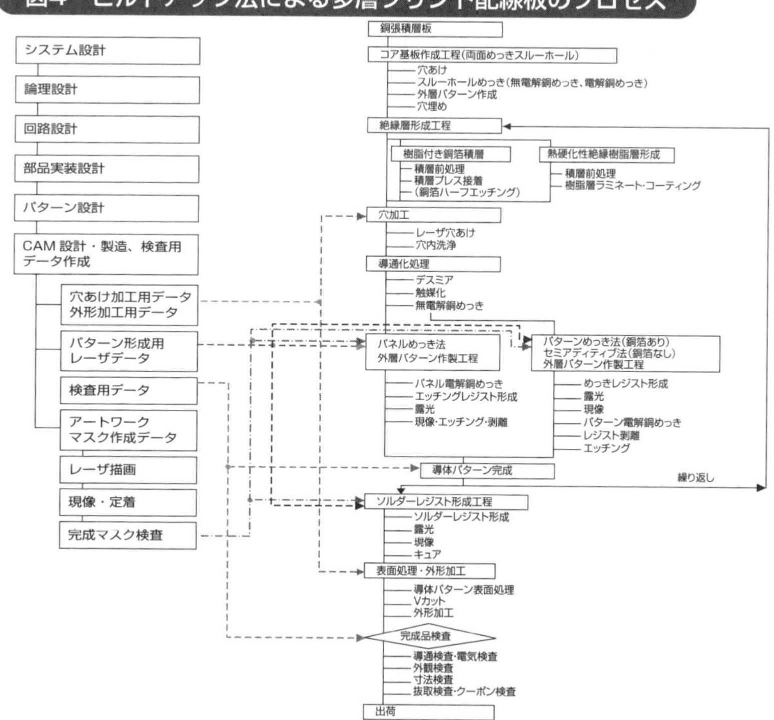

27 セミアディティブプロセス(SAP)

ビルドアップの代表的な導体パターン形成工程

セミアディティブプロセス(SAP)は、銅箔のない絶縁基板上に導体パターンを形成するプロセスです。**図1**ではビルドアップフィルムにブラインドビアを形成する場合のSAPの概略を示しています。基本的にSAPでは、表面に導電層(シード層とも呼び、電解めっきの給電層)を付与し、めっきレジストを形成し、パターン電解銅めっきを行い、レジストを剥離し、導電層をクイックエッチングしてパターン形成します。この導電層が十分薄いと、クイックエッチングにおいてパターンのサイドエッチングを小さくできるため、微細パターンである半導体パッケージ基板の形成に対しても適用できます。導電層は、ビルドアップ基板では通常、無電解銅めっきが使われますが、その手法・材料は適用する品種で異なります。絶縁素材が各種基板で異なりますので、導電層との密着性向上の手法・材料も変わります。

図2は、FC－BGA基板に適用されたSAPであり、密着性向上はビルドアップフィルムのデスミアで、導電層形成は無電解銅めっきで行います。**図3**は、WLP等の再配線層に適用されるSAPの例です。絶縁基材はパターン形成されたポリイミド層で、そこにスパッタでTi密着層と、Cu導電層を形成し、めっきレジスト形成、電解銅めっきによるパターン形成をします。レジスト剥離後にこれらの層をエッチングしてパターン形成します。

図4は、MSAP(Modified SAP)の工程を示したものです。MSAPは、極薄銅箔付基材を用いますので、銅箔を使わないSAPとは種別は異なりますが、工程の進め方は概ね同様です。銅箔は極薄とは言え、2μm以上の厚さがあり、クイックエッチング時のサイドエッチはSAPより大きいため、適用される微細度は限定されます。適用される基板種および微細度で、これらのプロセスに用いられる手法・材料もそれぞれ異なります(52項参照)。

要点BOX
- SAPは銅箔のない絶縁素材上に導体パターンを形成
- 基板種・微細度に応じて形成を行う

図1　セミアディティブプロセス（ブラインドホールに適用の場合）

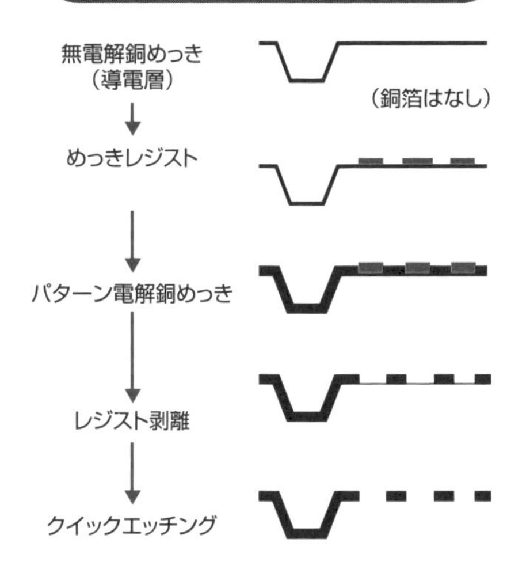

図2　FC-BGA（ビルドアップ基板）製造に適用されるセミアディティブプロセス

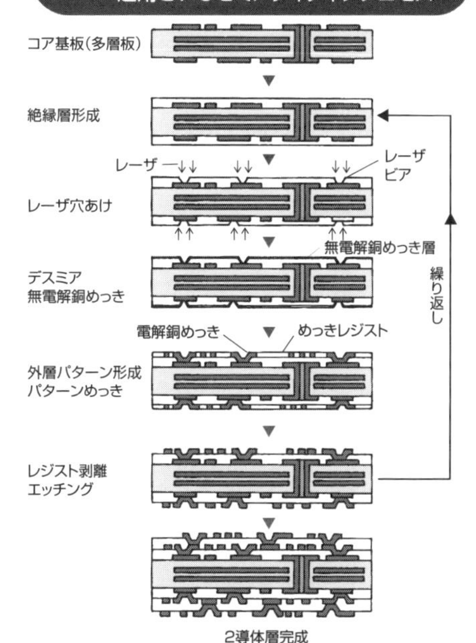

〔出典：高木、大久保、山内：トコトンやさしいプリント配線板の本（第2版）P.49（2018）〕

図3　WLP（Wafer Level Package）等に適用される再配線層加工プロセスの例

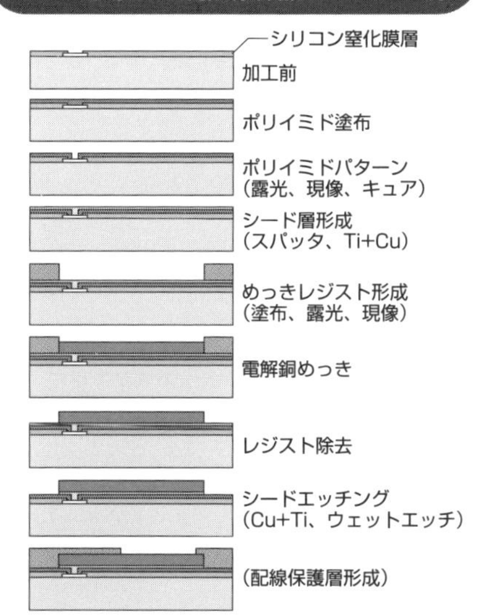

〔出典：若林猛：表面技術 Vol.67、No.8 409（2016）〕

図4　高密度プリント配線板製造に適用されるMSAPの工程

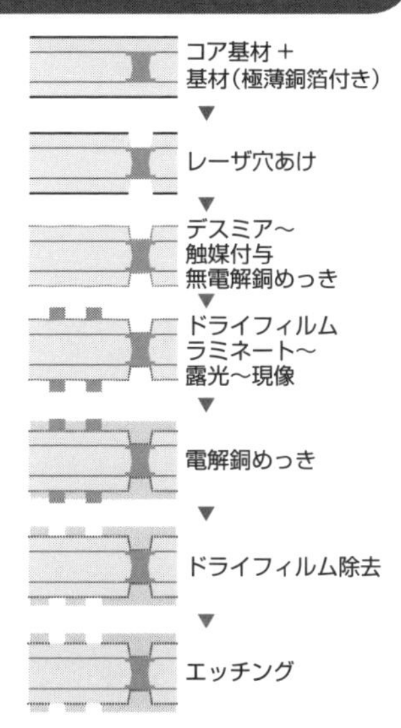

〔出典：佐波正弘；表面技術 Vol.68、No.9 494（2017）〕

28 三次元実装のプロセス

システムインパッケージ（SiP）にはいろいろな形態があります。**図1**に示される2・5D SiPが代表的で、これはシリコンインターポーザ（Si-IP）上にロジックチップと積層メモリであるHBM（High Bandwidth Memory）が実装され、それがパッケージ基板（FC-BGA）に実装されたものです。これは、世界一の半導体ファンドリである台湾のTSMCが製造しています。なお、このCoWoS-Sと呼ばれ、ような形態も三次元実装の一種とみなされることが多くなっています。

図2は、この形態で作製された米国AMD社の製品FiJiでGPUとHBMが搭載されており、ゲーム機に使われました。ここでは、Si-IP上でGPUとHBMが微細配線で接続され、Si-IPに設けられたTSV（シリコン貫通電極）を介してパッケージ基板に実装されています。

図3は、このような2・5D SiPの組立フローを示しています。それぞれのメーカで製造されたロジックウエハ、HBM、Si-IP、パッケージ基板は組立工場で実装されます。この図ではSi-IPウエハ上にロジック、HBMを先に実装する主流のフローを示していますが、ダイシングしたSi-IPを先にパッケージ基板に実装してから、ロジックやHBMを実装する方法もあります。近年はCoWoSのCoW工程、すなわちSi-IPウエハ上へのチップ実装はTSMCで、パッケージ基板上への実装はOSATで主に行うと言われています。

半導体チップの実装では、パッケージ基板に対してシリコンの熱膨張率が異なるため、反りが起こって接続不良が生じやすくなりますが、実装作業、および部材の作り込みの技術で改善します。このような生産技術、各部材や材料、設備の国際的サプライチェーンなど、日本国内で三次元実装ビジネスを構築するには、取り組むべき課題は数多くあります。

要点BOX
- ●現在主力は2.5Dプロセス
- ●国内での三次元実装には課題が多い

図1　代表的な2.5D SiP(CoWoS-S : Chip on Wafer on Substrate-Si)

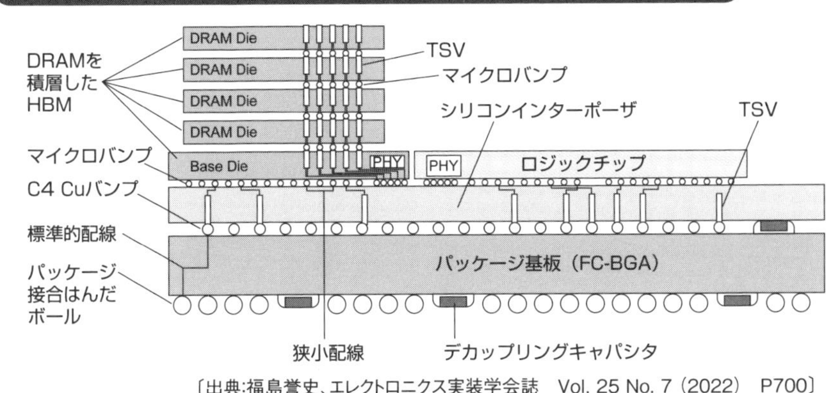

〔出典:福島誉史、エレクトロニクス実装学会誌　Vol. 25 No. 7（2022）　P700〕

図2　AMD Fiji 2.5D SiPの外観と構造

スティフナ：変形を防止する補強材
デカップリングキャパシタ：
　伝送特性安定化のため、チップ近傍に搭載するキャパシタ

〔出典:HIR2021 第2章 https://eps.ieee.org/images/files/HIR_2021/ch02_hpc.pdf〕

図3　代表的な2.5D SiPの組立フローの概略

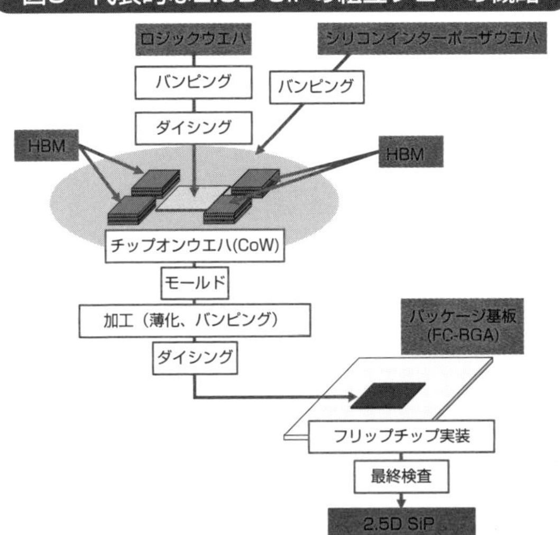

29 検査、品質保証と信頼性向上

潜在欠陥の発見と不良防止

プリント配線板、パッケージ基板を製造するにあたって、主材料、導電材料、絶縁材料、接合材料、ほかにも数多くの副材料が用いられます。

完成した製品である、プリント配線板やパッケージ基板は、適正な材料を適正なプロセス条件の元に作られたものとして保証することが重要です。

製品の検査は、表1の材料の受入検査、工程内検査、最終検査としてシステム構築されています。これらの検査を行い、製品の保証を行うことで出荷となります。製品内部の試験として抜取りでクーポン試験を行うこともあります。しかし、プリント配線板、パッケージ基板単体では製品を評価する特性値がなく、多くは外観検査に頼っているのが現状です。このような検査体制は製品のレベルによりユーザーと取り決められるものとなっています。

信頼性とは「アイテムが与えられた条件で、規定の期間中、要求された機能を果すことができる性質」で、アイテムはここではプリント配線板です。しかし、このことを実証するのは大変です。

絶縁基板内では接続、短絡を起こすかもしれない不安定な欠陥を潜在欠陥と言っていますが、時間とともに実際の不良として発現します。しかし長時間を必要とします。このような欠陥を知るために、加速的な試験方法で、導体の欠陥には熱衝撃試験を、絶縁の欠陥には加湿加熱試験を行います（表2）。

このため、製品か製品と同じ仕様のテスト基板を用いて定期的に製造し、これに表3、表4の各種の加速的な信頼性試験を行い、さらに電気的試験、破壊試験などを行い評価し、製造ラインが信頼性の高い製品を製造していることを示す努力をしています。

この加速信頼性試験法では、加湿試験の温度は樹脂の耐熱性を考えた上での試験温度設定が必要で、これが適正でないと、正確な結果が得られません。実際の潜在欠陥の例をコラムに示します。

要点BOX

- ●潜在欠陥が時間とともに不良として発現
- ●通常の出荷検査に加え、加速的な信頼性試験が重要

表1 出荷製品の検査体制

1)受入検査（材料、ドリル）
2)工程内検査（外観、寸法検査）
3)最終検査（外観検査、寸法検査、布線検査、電気特性検査）
4)クーポン検査（ロット抜取検査）
5)履歴管理（ロット構成、ロットの追跡、記録など）

表2 製品の信頼性保証体制

1)接続信頼性試験……熱衝撃試験、落下衝撃・振動試験接続信頼性
2)絶縁信頼性試験……加熱加湿試験

表3 熱衝撃試験

試験項目	試験方法と条件	測定項目
熱衝撃試験 *気相･高温低温移送、サイクル試験	JIS C 5012 9.2 条件の指定は個別規格による 1サイクル 低温側条件 1)−65℃30分 2)−65℃30分 3)−65℃30分 4)−55℃30分 ⟷ 高温側条件 1)+175℃30分 2)+125℃30分 3)+100℃30分 4)+100℃30分 直接、高温、低温チャンバーに30秒以内に移送、3分以内に指定の温度にする。 雰囲気は気相、しかし、液相指定のこともある。 条件1)高耐熱性樹脂の場合	外観検査、マイクロセクション
熱衝撃試験 *はんだフローティング試験	IEC 61189-3 11.2 Test3 N02フローティン 高温時の時間は個別規格による 試験試料 260℃ はんだ槽 フローティング 1kg sn60,sn62 or Sn63 含有 ⟷ 空気冷却 洗浄･乾燥	外観検査、マイクロセクション

表4 加湿加熱試験

(1)

		温度(℃)	湿度(%RH)	試験時間(h)			
温湿度定常試験	JPCA-ET02	40	93	168	500	1000	(2000)
	JPCA-ET03	60	90	168	500	1000	(2000)
	JPCA-ET04	85	85	168	500	1000	(2000)

(2)

		温度(℃)	湿度(%RH)	試験時間(h)		
高温･高湿･定常(不飽和加圧水蒸気)試験	JPCA-ET08	110	85	96	192	408
		120		48	96	192
		130		24	48	96

IEC 60749 Amendment I:Semiconductor devices -Mechanical and climatic test Methods･Test SC:Dampheat,Steady-State-Highly acceleraed
JIS C 60068-2-66:2001「環境試験方法-電気･電子-高温高湿、定常(不飽和加圧水蒸気)」(IEC60068-2-66)
IEC60068-2-66 Environmental Testing-Part2:Test Methods･Test -Cx:Damp heat,steady state(unsaturated pressurized Vapour)

Column

潜在欠陥の例

29項の説明に続けて、本コラムで、著者が経験した実際の潜在欠陥の例を紹介します。

　接続欠陥となったのは、めっきスルーホールのコーナーやバレルのクラックでした。これらは発生すると断線として発見できます。絶縁欠陥は複雑で、発生すると原因の推定に時間がかかりました。経時使用後、および加速試験後の絶縁劣化には、多くの場合、エレクトロケミカルマイグレーションに起因していることがわかりました。これらは完成時には発見できず、装置の稼働後に時間とともに顕在化して欠陥となりました。

プリント配線板の潜在的な欠陥例

面方向 →
穴方向 ↓

コーナークラック

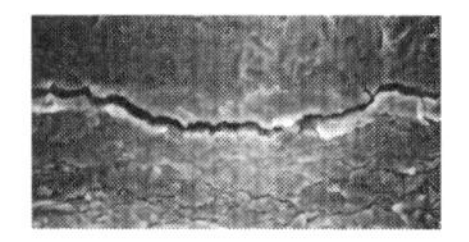

バレルクラック(穴内)

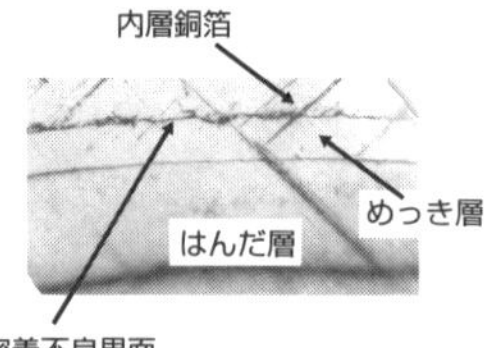

内層銅箔とスルーホール間の剥離

絶縁障害例

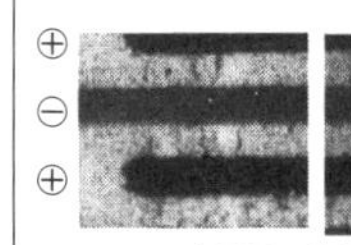

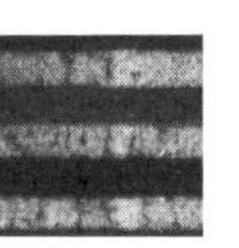

表面層の絶縁劣化

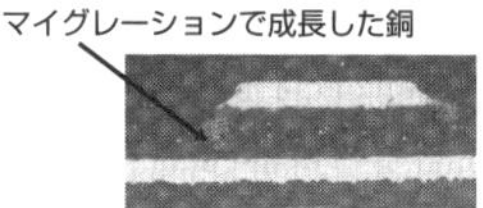

層間の絶縁低下

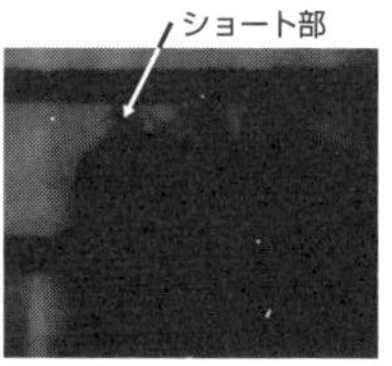

内層のショート
(2年経過後に発生)

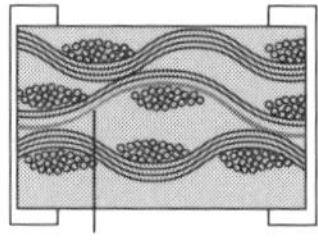

CAFの発生状況の模式図

CAFとは樹脂とガラス繊維の接着界面のエレクトロケミカルマイグレーション

D.J.Lando. J.P.Mitchei. T.L.Welsher: Anodic Filaments inReinforced Polymeric Materials-Formation and Prevention,CH1425 IEEE (Aug. 1979)

第5章

基板を構成する材料

30 半導体搭載基板の材料

フリップチップとアンテナインパッケージの材料

１９９５年頃から従来のセラミックスパッケージ基板に置き換えて、有機基材を用いた半導体搭載基板が適用されるようになりました。初期段階では実装はワイヤーボンディング主体だったので、基材に求められる特性は高Tg（ガラス転移点）、高強度、高耐熱性でしたが、その後実装方式がリフロー炉を使った実装に変化し、**図1**のようなフリップチップパッケージが増えてきました。追加される特性としては**表1**に示すようなリフロー後のそり低減のための面方向の低熱膨張性や高弾性特性、鉛フリーはんだ対応のさらなる高耐熱性があります。チップの信頼性を確保するために、実装後にアンダーフィル材料を装填します。狭い界面に十分に塗れ広がるため、低粘度で耐熱性の良い材料が選択されています。

またチップの大型化に伴い発熱が大きくなり、熱を逃がすためにヒートシンクやＬＩＤが装着され、それらを接続するためＴＩＭ（サーマルインターフェイスマテリアル）が使われています。金属とチップの接着および熱伝導が目的で、シリコーン系熱可塑性樹脂が主体で適用されています。

同様に５Ｇに代表される最近の通信関連パッケージとしてＡｉＰ（アンテナインパッケージ）がありま す（**図1右**）。ＡｉＰはパワーアンプやフィルタ、アンテナ等が複数実装されるパッケージで、高速信号を確実に伝えるために高周波特性を備えた材料が選択されています。**表2**に示すように基材では低Dk・Df性を持つ熱可塑性樹脂（テフロン系、液晶ポリマ）や低Dk・Df熱硬化性樹脂（エポキシ樹脂、イミド樹脂等）が用いられます。封止材やほかの材料も電気特性の良いエポキシ樹脂等が選択されています。構造的には３Ｄ構造（チップ埋め込み型）となっており、接続ペースト等もプロセス性、電気特性を考えて選択されます。ＡｉＰについては、61項を参考にしてください。

要点BOX
- ●半導体パッケージの主流はフリップチップ
- ●低熱膨張・高弾性、高耐熱性等が重要
- ●AiPでは高周波特性等の特性が重要

図1　フリップチップBGAとアンテナインパッケージ構造図

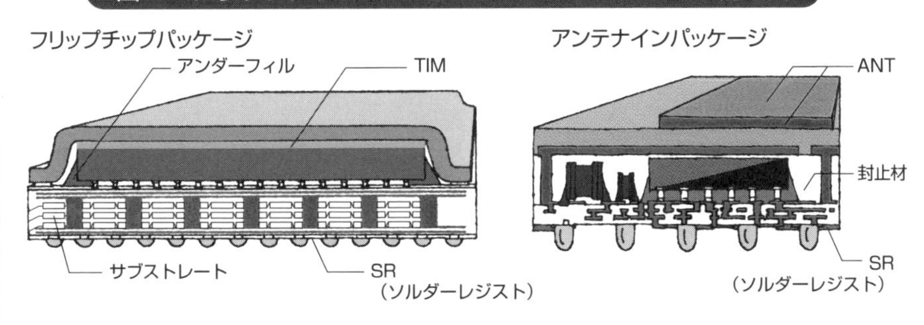

表1　フリップチップBGAの材料要求および適用材料

材料	要望事項	使われる材料
積層板	信頼性確保（低CTE） リフロー耐性（高耐熱）	多官能樹脂（エポキシ・イミド樹脂・トリアジン）、フィラー材料
アンダーフィル	低粘度、高流動、高絶縁性、高靭性	液状エポキシ系樹脂（直鎖型）
ソルダーレジスト	高解像度、高耐熱性、高絶縁性、高靭性	エポキシ/アクリル系樹脂、高光感度樹脂、フィラー材料
絶縁樹脂フィルム	めっき付き性（SAP対応）、信頼性（低そり）、微細配線形成性、高絶縁性	多官能樹脂（エポキシ樹脂系等）、フィラー含有材料
高熱伝導材料（ヒートシンク接続材）	高耐熱性、高接着性、高伸び	シリコーン系、エポキシ系樹脂アルミナ系/金属系フィラー含有材料

表2　アンテナインパッケージの材料要求および適用材料

材料	要望事項	使われる材料
アンテナ材料	電気特性（低誘電率、低誘電正接）、信頼性	変性熱可塑性樹脂（テフロン樹脂、液晶ポリマ）、低誘電特性フィラー含有
基材	低誘電損失、高誘電率、高耐熱性	低誘電・低熱膨張熱硬化性樹脂（BTレジン、多官能樹脂、フィラー含有）
ソルダーレジスト	高解像度、高耐熱性、低誘電率、低誘電正接	高感度光硬化樹脂（アクリル系）
封止材	高流動性、高/低誘電率、低誘電正接	多官能樹脂（低誘電エポキシ系樹脂）、フィラー含有材料

31 プリント配線板用基材

銅張積層板用基材

プリント配線板用の銅張積層板は銅箔、樹脂、基材とから形成される製品です。基材としては紙、ガラス不織布、ガラス布があります(図1)。

①紙基材フェノール樹脂銅張積層板

民生用機器向けに適用されていますが、信頼性がガラス基材と比較して劣るため少なくなっています。基材はクラフト紙、リンター紙で、これにフェノール樹脂とホルムアルデヒドをアンモニア触媒で縮重合反応させたものを含侵させます。紙基材はガラス布ほどの強度がないので、塗工機は横型(フロート型)塗工機を用いて塗工紙を作製します。片面銅箔付、両面銅箔付があります。部品実装はパンチング機械で穴あけしてはんだ接続が主体です。

②ガラス不織布基材銅張積層板

ガラス不織布を心材として表面にガラス布を配した構造で、めっきにより両面スルーホール可能で両面板として車載、民生機器に適用されています。

③ガラス布基材(ガラスクロス)銅張積層板

ガラス布を用い基材はULによって表1のように規格化されています。難燃性の有無や特性でG10からFR-5まで分けられていますが、現在広く使われているのは難燃性を有するFR-4グレードです。同様の樹脂の手法で調整するプリプレグ(Bステージ)と組み合わせて多層化が可能です。組み合わせる樹脂はエポキシ樹脂、フェノール樹脂、BTレジン、イミド樹脂等の熱硬化性樹脂とアミン系、フェノール系の硬化剤、またはテフロン樹脂、液晶ポリマ、ポリイミド等の熱可塑樹脂があります。熱硬化性樹脂を用いたFR-4基材は耐熱性、信頼性、機械特性に優れています。熱可塑性樹脂を用いる基材は電気(高周波)特性が優れています。誘電特性などの特性により使い分けられています。樹脂材料を選択することで半導体パッケージ用基材や高周波特性の優れた高多層配線板、アンテナ基板等とすることができます。

要点BOX

- 基材には紙とガラス不織布、ガラスがある
- ガラス布基材には様々な特性があり、それぞれの用途がある

図1　各種基材

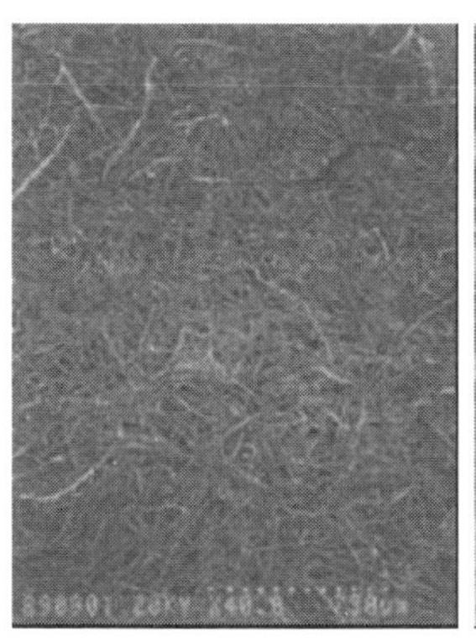

750μm

紙基材（リンター紙）

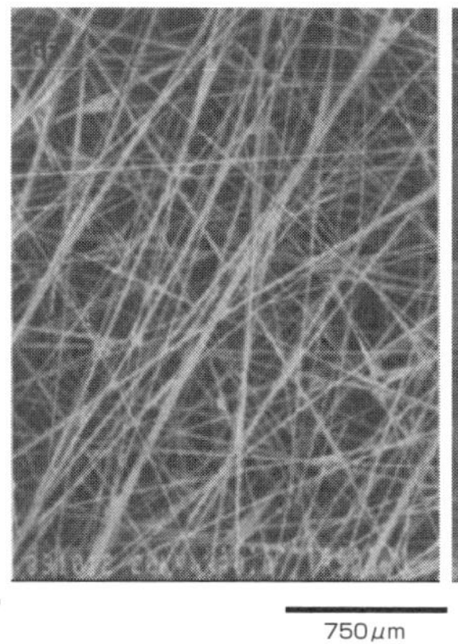

750μm

ガラス不織布

750μm

ガラスクロス

表1　ガラス基材使用積層板のグレード

<table>
<tr><th>グレード</th><th>材質</th><th>定義</th></tr>
<tr><td>G-10</td><td rowspan="4">ガラスエポキシ</td><td>室温で曲げ強度、衝撃強度、層間接着強度の機械強度が優れる。</td></tr>
<tr><td>FR-4</td><td>すべての特性はG-10に同じ。
耐燃性クラス1（UL-94 V-0同等）。</td></tr>
<tr><td>G-11</td><td>室温における特性はG-10に同じ。150℃1時間後の曲げ強度が室温の50%（150℃測定）。耐電圧はG-10に同じ。</td></tr>
<tr><td>FR-5</td><td>すべての特性はG-11に同じ。
耐燃性クラス1（UL-94 V-0同等）。</td></tr>
<tr><td>CEM-1</td><td>銅箔
ガラス布基材エポキシ樹脂
紙基材エポキシ樹脂
ガラス布基材エポキシ樹脂
銅箔</td><td>表面、ガラス布、内層、紙で両方とも耐燃性エポキシを含浸したもの。23℃以上で2.4mm、65.5℃以下で2.4～3.2mmの厚さの紙をパンチングすることができる。</td></tr>
<tr><td>CEM-3</td><td colspan="2">CEM-1の内層が紙の代わりにガラス不織布。</td></tr>
</table>

32 銅張積層板の製造方法

プリプレグと銅張積層板の製造工程

前述のように、プリント配線板用基材の銅張積層板は銅箔、樹脂、ガラス布で構成されており、図1に示すような工程で製造されています。

樹脂（フィラーを含む）を配合、反応（必要に応じて加熱等）させて所定の性能を持つワニスを作成します。その際、次工程で含侵が必要なため、溶剤に溶かして使いやすくします。ワニスでの性能チェックはゲルタイム、比重、樹脂分、水分等です。

次に塗工工程があります。リール状に巻かれたガラス布（紙フェノール基材は紙）をワニスが入った含侵タンクで所定量の樹脂を付着させ高温で乾燥し、Bステージの塗工布（紙）、プリプレグを作製します。Bステージとは樹脂が反応性を有した状態での中間製品です。ガラス布基材は縦型塗工機を使用しますが、強度が弱い紙基材はエアーフロートのできる横型塗工機を使って作製されます。Bステージの塗工布は樹脂分、フロー性、ゲルタイム、水分等が規格に入っているか確認します。

積層板を作製するには必要に応じて塗工布を所定枚重ねて両面または片面に銅箔を配し、鏡板で挟んでプレスにてCステージ化（フルキュア）します。Bステージの塗工布の樹脂を溶融・硬化させ、銅箔と熱接着により一体化します。真空プレスを用いて積層板内のボイド等を抜く方式が一般的です。

プレス後に解体し、銅張積層板は所定のサイズに切断、刻印、検査し、梱包します。図2に銅張積層板の外観を示します。

プリプレグは多層化の際、基材と一緒に使います。その後、所定の寸法に小割して検査後に梱包されます。プリプレグは経時変化しますので、定温・定湿で保管庫に保管します。保管期間は保管する温度等により異なりますが、品質保持期限（シェルフライフ）が決められています。

要点BOX

- ●ワニス、塗工を経て塗工布、プリプレグを作製
- ●プリプレグは多層化で使う

図1　積層板の製造方法

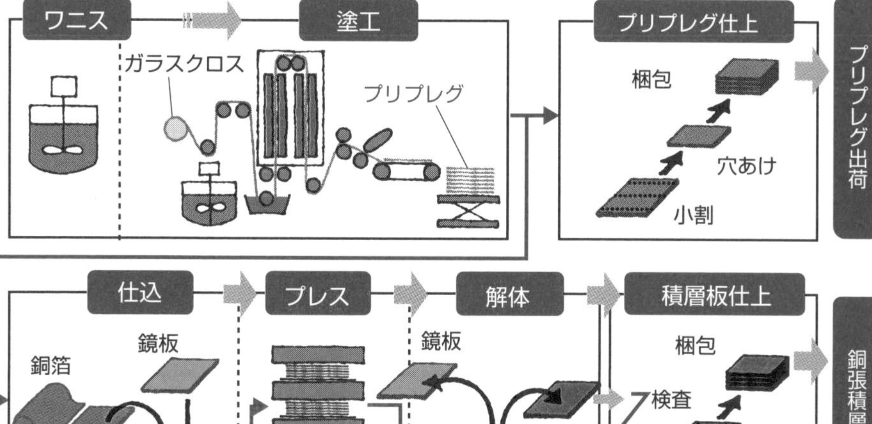

図2　銅張積層板の外観

33 積層板用絶縁樹脂（熱硬化樹脂）①

積層板主力のFR-4用エポキシ樹脂

積層板の主力を占めるFR-4材料の樹脂は主にエポキシ樹脂が使用されています。エポキシ樹脂はビスフェノールA型フェノール、ノボラック型フェノールとエピクロロヒドリンを反応させた材料で、末端にエポキシ基を反応点として持ち、各種硬化剤、フェノール樹脂と反応して3次元架橋します。

臭素化ビスフェノールA（TBA）と反応させることで、難燃性を確保することが可能です。また、高信頼性、高Tg（ガラス転移点）化、低吸湿化等の性能アップのためには架橋密度を上げる必要があり、そのために多官能エポキシ樹脂を適用する製品もあり、4官能エポキシ樹脂も使われています。エポキシ樹脂は電気特性、耐熱性、密着性、耐湿性に優れているため、広く用いられています。樹脂例を**図1**に示します。

エポキシ樹脂製造時に精製を十分に実施しないとエピクロロヒドリンからくる加水分解性クロルイオンが樹脂中に多く残ることがあります。積層板とした後の配線板で電気特性（銅マイグレーション）を悪化させる原因となりますので、樹脂メーカーとスペックで規制する場合もあります。

エポキシ樹脂に対応する硬化剤としては、アミン系硬化剤およびフェノール系硬化剤等があります。アミン系硬化剤としてジシンジアミドは代表的材料です。樹脂含侵ガラス布（プリプレグ）はプレス成型前に一時保管されなければなりませんし、多層化のプリプレグも保存安定性が必要です。硬化剤はBステージ（半硬化状態）での安定化が重要です。ジシンジアミドは保存安定性が良好で反応性が高く、比較的安価であることから、一般のFR-4に多く適用されています。芳香族アミン等が使われるケースもあります。フェノール系硬化材も高Tg化や低吸湿化に優位であり、高信頼性を要求されるFR-4に適用されています。これらを組み合わせることにより、製品としてのパフォーマンスを上げることが可能です。

要点BOX
- 積層板主力のFR-4材料にはエポキシ樹脂が多用されている
- 硬化剤にはアミノ系とフェノール系がある

図1　標準的FR-4の配合例

FR-4のエポキシ

(A) ビスフェノールA―エピクロロヒドリン樹脂

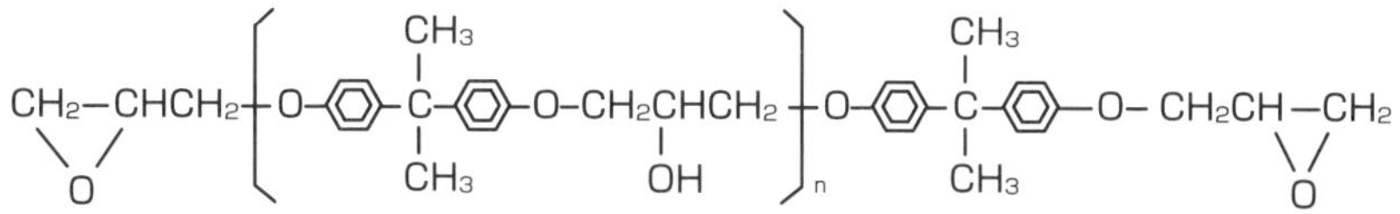

(B) 臭素化エポキシ樹脂

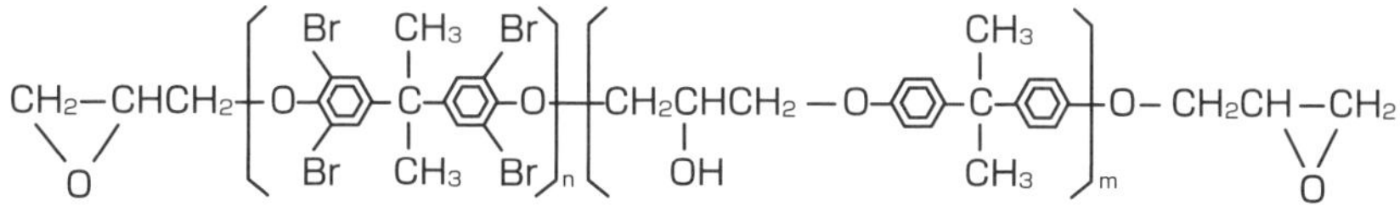

(C) ノボラック型エポキシ樹脂

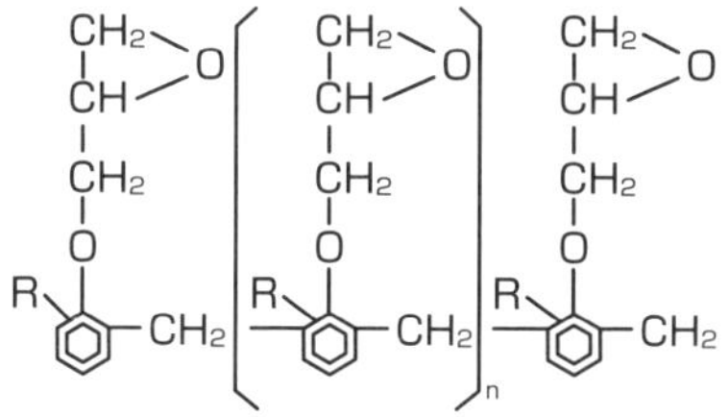

R = H：フェノールノボラック型
R = CH_3：クレゾールノボラック型

4官能エポキシ樹脂

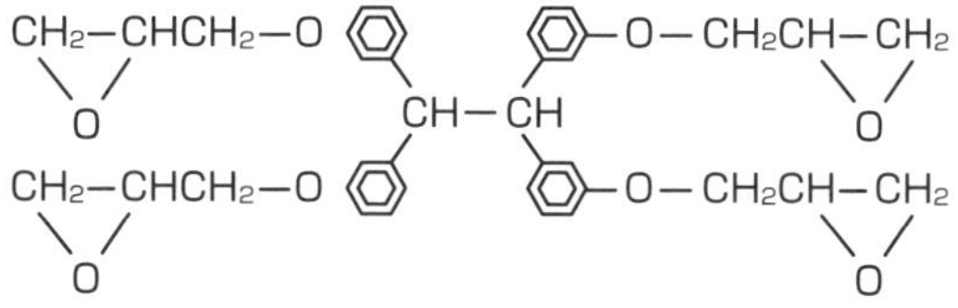

硬化剤：ジシアンジアミド

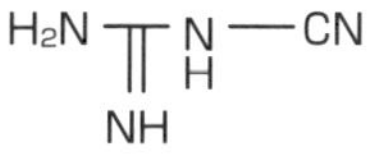

用語解説

Tg (Glass transition temperature)：高分子ポリマを温度を上げていくとガラス状態（固体）から分子運動の盛んなゴム領域になり樹脂が軟化します。この点をTgと言います。Tg以上になるとポリマの熱膨張も大きくなります。Tgが高い材料は一般的に信頼性が高いと考えられます。

34 積層板用絶縁樹脂（熱硬化樹脂）②

FR-4用材料の高Tg化・低熱膨張化対応

現在のFR-4材料は用途が広がり、さまざまな樹脂を用いて特性を向上しています。サーバーやネットワーク分野で用いられる高多層基板は、厚さ方向（Z方向）の信頼性確保のため、高Tg化が必要です。これはスルーホールめっきを付けたときの銅めっきとの熱膨張の差を小さくするためです。

銅の熱膨張係数は16ppm／℃なので、それと同等にすることが信頼性向上につながります。Tgが低い材料を用いると、動作時の熱によりスルーホールめっき銅の断線が発生することがあります。

対応配合としては例えば**図1**に示すノボラック型エポキシ樹脂とノボラック型フェノール樹脂の配合により架橋が密となり高Tg化が可能となります。さらに熱膨張率を下げるために熱膨張の小さいフィラーを併用すると、厚さ方向の熱膨張が低減でき、信頼性も上がります。

半導体パッケージ用基板については、実装形態（ワイヤーボンディング、フリップチップ接続）に応じて高Tg、高弾性率化、低熱膨張率特性（面方向X、Y方向）が付与されます。

実装プロセスは高温（170℃以上）で行われることが多いため、Tgが170℃以上の材料が選択されます。**図2**に示すような剛直な骨格を持つ樹脂材料を組み合わせることで、高Tg化や面方向の低熱膨張化に対応できる製品となります。

ビスマレイミドトリアジン樹脂（BT樹脂）も半導体パッケージ用基材に広く用いられています。高Tg・高弾性の樹脂の骨格を**図3**に示します。半導体パッケージ基板として初期段階ではほぼ独占的に採用されましたが、その後、各社より高Tg・低熱膨張エポキシ樹脂基板が上市され、現在はFR-4エポキシ材料を含め、多くの材料が選択されています。

要点BOX

- ●FR-4材料には高Tg化が必要
- ●樹脂材料の組み合わせで高Tg化や低熱膨張化に対応

図1　高Tg樹脂ノボラック型エポキシ樹脂および硬化剤

ノボラック型エポキシ樹脂

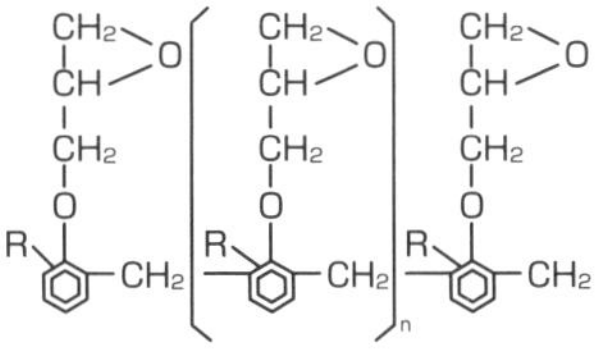

R = H：フェノールノボラック型
R = CH_3：クレゾールノボラック型

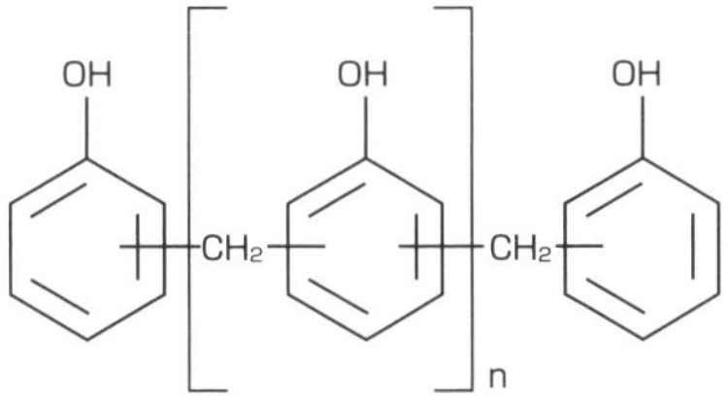

図2　高剛性樹脂ナフタレン型，またはビフェニル型エポキシ樹脂

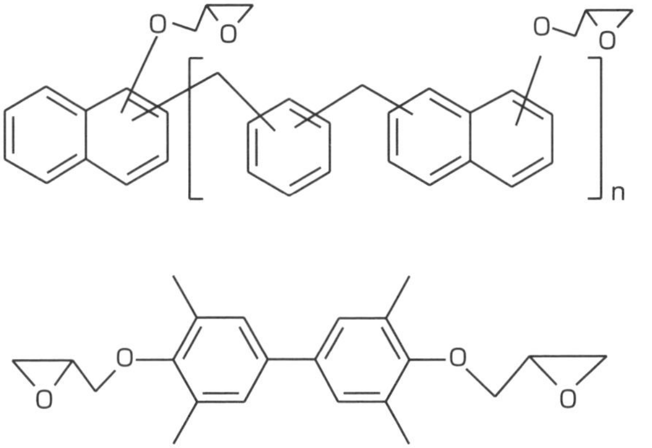

図3　ビスマレイミドトリアジン樹脂

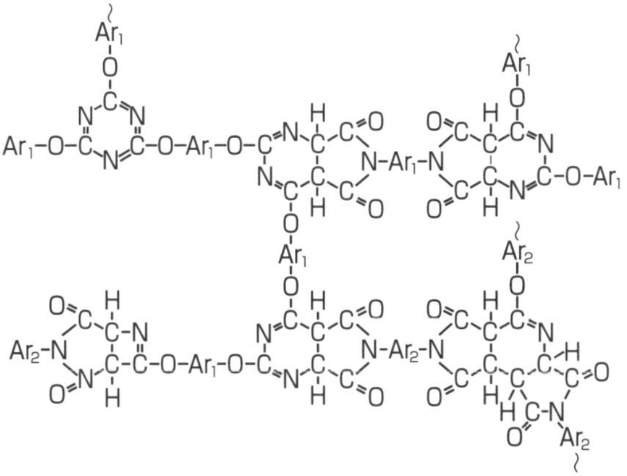

35 積層板用絶縁樹脂（低誘電材料）

低誘電化に対応した熱硬化性・熱可塑性樹脂

通信技術の発達に伴い、それに使用される通信モジュール用基板や高速サーバ、ルータ用多層基板には高度な電気特性の要求があり、低Dk（誘電率）低Df（誘電正接）の材料が開発されています。

図1に示すように各々の高分子樹脂材料は各々異なる電気特性を有しています。四角■で示されるのは熱可塑性樹脂で直鎖状に分子が配列されています。フッ素樹脂（PTFE）やポリエチレン（PE）、液晶ポリマ等は電気特性が良好であり、通信用部品、アンテナ基板等に適用されています。樹脂の分子構造を**図2**に示します。

しかし、熱可塑性樹脂は電気特性は良好ですが寸法変化が大きい点や接着特性が弱い、耐熱性が低い、多層化プロセスが難しいといった問題もあり、単独で使用する場合は製造装置や処理剤等も変更しなければなりません。

一方、積層板の主流のエポキシ樹脂やフェノール樹脂は前記の樹脂に比べると電気特性はあまり良好ではありませんが、例えば**図3**に示すような樹脂骨格内に官能基の少ない材料を用いて材料設計をすることで熱硬化性樹脂でもある程度の電気特性目標を達成することができます。従って要求される電気特性をクリアするためにはこれらの熱硬化性樹脂と熱可塑性樹脂をうまく組み合わすことで一般特性、信頼性、電気特性の優れた材料に仕上げることができます。

またDfを下げるためにはシリカ系フィラーも有効であり併用されて対応しています。顧客での電気特性要求を達成するためにはこれらの樹脂を混合するケースも多く、価格、プロセス性を兼ね備えた積層板の開発が主流となっています。

さらに、高周波信号を処理するところに低誘電材を用い、これを熱効果性樹脂の積層板で支持するような構造のものも開発されています。

要点BOX

- 通信用部品などで低誘電ニーズが高い
- 熱硬化性樹脂と熱可塑性樹脂の組み合わせが重要

図1　各種樹脂別電気特性

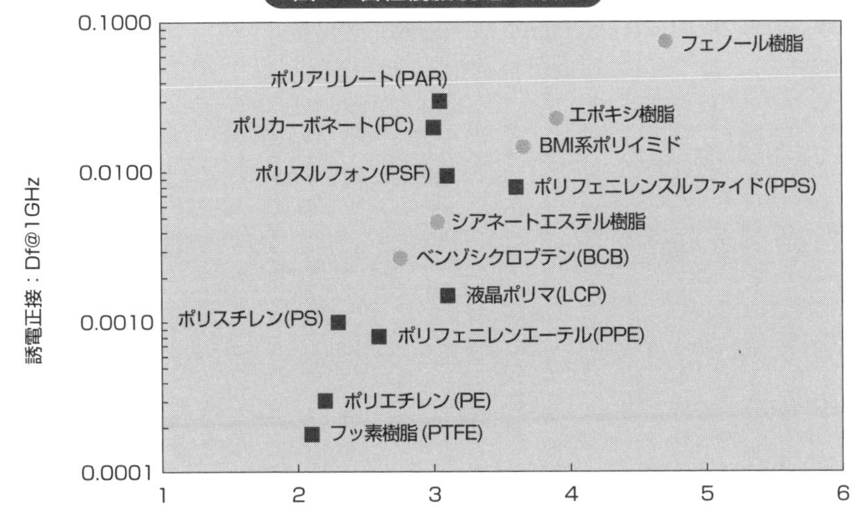

図2　各種熱可塑性樹脂

テトラフルオロエチレン樹脂

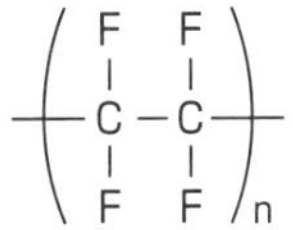

F　F
C－C
F　F
n

液晶ポリマの構造式（例）

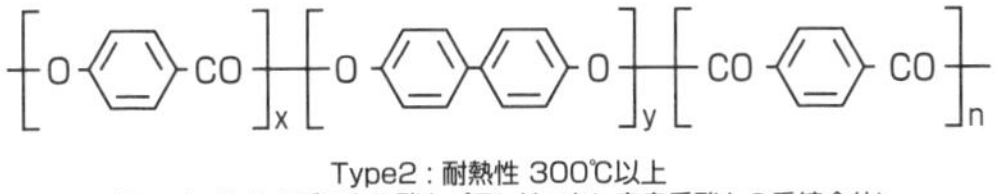

O　CO　x　O　O　y　CO　CO　n

Type2：耐熱性 300℃以上
（フェノールおよびフタル酸とパラヒドロキシ安息香酸との重縮合体）

O　CO　x　O　CO　y

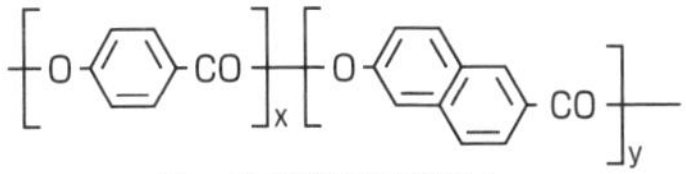

Type3：耐熱性 240℃以上
（2,6-ヒドロキシナフトエ酸とパラヒドロキシ安息香酸との重縮合体）

ポリエーテルエーテルケトン（PEEK）の構造式

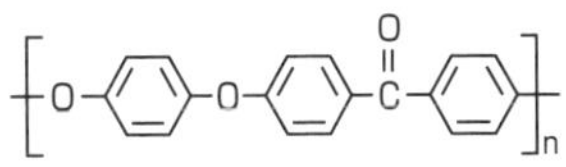

O　O　O　C　n

ポリエーテルスルフォン（PES）の構造式

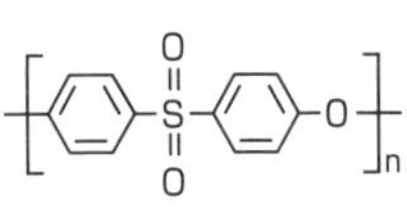

O　S　O　O　n

図3　低誘電熱硬化性樹脂の配合例

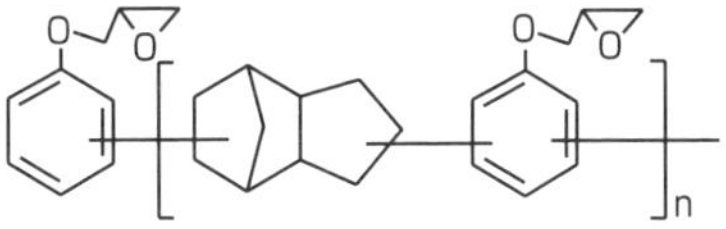

O　O　O　O　n

ジシクロペンタジエン型エポキシ樹脂

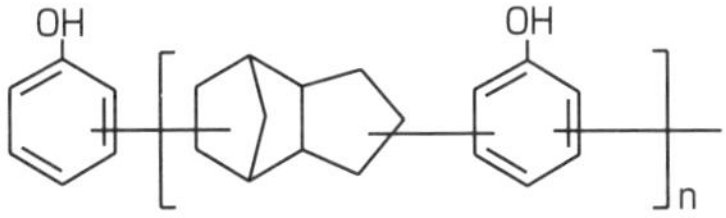

OH　OH　n

硬化剤：ジシクロペンタジエン型フェノール樹脂

36 環境対応樹脂および添加用無機材料

ハロゲンフリーに対応した難燃性材料

プリント配線板においても環境対応の要求があります。14項に示されたように、2006年に欧州連合（EU）からRoHS（危険物質に関する制限令）が発令され、電気・電子機器に含まれる特定有害物を含む製品がEU内で上市できなくなりました。特定有害物の6物質は鉛、水銀、カドミウム、六価クロム、PBB（ポリ臭化ビフェニル）、PBDE（ポリ臭化ビフェニルエーテル）です。（その後は12物質に増えました）積層板には上記材料はほとんど使われていなかったのですが、臭素化エポキシ樹脂を配合した積層板は焼却時に熱分解してPBB、PBDEになり得るということで一部の顧客ではハロゲンフリー基材の指定があります。

現在、高多層基板は依然として臭素化樹脂材料基材が主として使用されていますが、半導体パッケージ用基板用基材はほとんどがハロゲンフリーです。臭素化材料を使わないで難燃性（94-v-0）を達成するためには、表1のような手法が考えられます。樹脂骨格自体は芳香族骨格を多く持つ樹脂の方が難燃性には効果があります。また図1に示すようなリンや窒素を骨格内に含有する樹脂がハロゲンフリー基材に使用されます。反応性や他の特性にも影響を与えるため、特性をチェックして製品化しています。BTレジンやイミド樹脂は骨格内に窒素源があり、通常のエポキシ樹脂と比較して燃えにくい性質があります。高Tg、耐熱性、低熱膨張化が要求される半導体パッケージ用基材には、配合で特性を保持・進化させ、かつ難燃化を達成する必要があります。

有機樹脂の難燃性を達成するために、無機フィラーは重要な材料です。これについては、37項を参照して下さい。

要点BOX

- ハロゲンを使わずに難燃性を達成する手法は複数あるが、それぞれに長所と短所、そして課題がある

表1　ハロゲンを使用しない難燃化手法

項目	無機水酸化物の導入	難燃（芳香族）骨格の増加	リン源の導入	窒素源の導入
燃焼、分解時主発生ガス	H_2O 等	CO,CO_2, H_2O 等	PH_3 等	HCN,N_2, NO_2 等
有害性 LC_{50}-30min.	無害 (H_2O)	5,705ppm (CO)	600ppm (PH_3)	164ppm (HCN)
難燃機構	吸熱 燃焼ガス拡散	難燃分解 難酸化	炭化促進 炭化層形成	吸熱 不燃ガス発生
長所	無害性	低害性	難燃効果大	特性低下小
短所 問題点	多量必要 加工性、成形性、耐熱性の低下	配合制約のため他特性との両立が困難	耐トラッキング性、機械物性の低下、赤リンは自然発火性	耐熱性、耐薬品性の低下

図1　ハロゲンフリーに使用される樹脂例

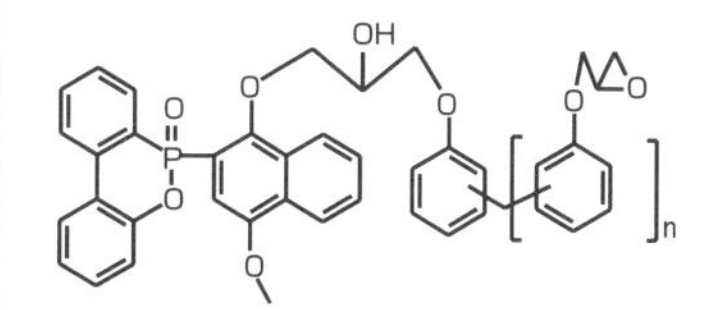

リン含有エポキシ樹脂

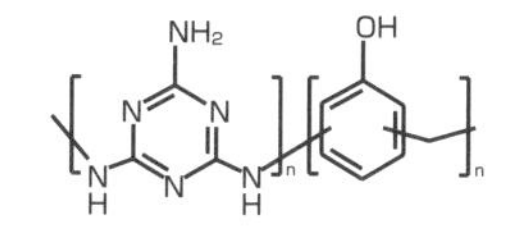

硬化剤：トリアジン変性フェノールノボラック樹脂

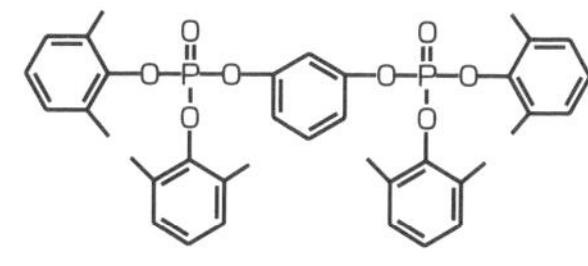

難燃剤：リン酸エステル等

難燃性材料としての無機フィラーについて

特性向上のために材料に配合される無機フィラーはそれ自体難燃特性を有していますが、樹脂の燃焼を吸熱により抑える水酸化アルミや水酸化カルシウム等の水酸基を有する材料も用いられています。耐熱性との両立が必要であり、熱分解温度を十分調査してから適用する必要があります。難燃化のためにフィラーを高充填したり、粒度分布の広い材料を用いると、樹脂への分散性が悪く、凝集等が発生し、耐熱性や電気特性が悪化します。これらが懸念される場合はフィラーの表面処理等を実施して、分散性を改善する必要があります。

37 絶縁樹脂フィルム・銅箔付フィルム

フィルム材料の形成加工

絶縁フィルム材料には、基材上に逐次積み上げて多層化する配線板およびパッケージ基板用途と、柔軟性のあるフレキシブル配線板材料用途があります。

①絶縁フィルム・銅箔付樹脂材料

絶縁フィルム材料は主に、コア基材にプレスおよびラミネートで配線層を形成して逐次積み上げるビルドアップ多層基板用途に使われます。厚みは硬化後10μ～100㎛程度で、通常図1に示すようなリール状で供給されます。コア基材（両面板）を中心として両面に逐次絶縁層を設けます。絶縁層形成後、通常はレーザにより穴あけを実施します。炭酸ガスレーザ、UV・YAGレーザ、エキシマレーザ等により穴あけされますが、穴径はドリル加工よりも微細で、φ30～100㎛程度です。

フィルム材料としてはエポキシ樹脂、フェノール樹脂等が使用され、熱膨張を小さくするため熱膨張の小さなフィラー（SiO_2等）が配合されています。SAPのプロセスに対応するため、デスミア（化学処理）、無電解めっきプロセスに対応できる耐薬品性のある材料でなければなりません。最近は高速化傾向により高周波特性の優れた材料要求も出てきており、樹脂の低誘電化等の対策をしています。

銅箔付フィルムは図2に示す形態で、図3に示すような多層材の最外層に使われる場合が多く、プレスおよびラミネートにより形成されます。

②フレキシブル用フィルム材料

柔軟性が要求されるフレキシブル絶縁材料としては、ポリイミド樹脂、液晶ポリマ、ポリエステル等の熱可塑性樹脂が主として使用されています。熱可塑性樹脂は寸法特性やプロセス特性が十分ではないため、多くはポリイミド樹脂が適用されています。ただしポリイミド樹脂自体も接着特性が十分でない場合が多く、その場合は銅箔との接着が良いバインダを用いた3層構造となります。

要点BOX

- 絶縁フィルム材料には多層基板用とフレキシブル基板用がある
- フレキシブル基板用は接着特性が重要

図1　多層用樹脂フィルム

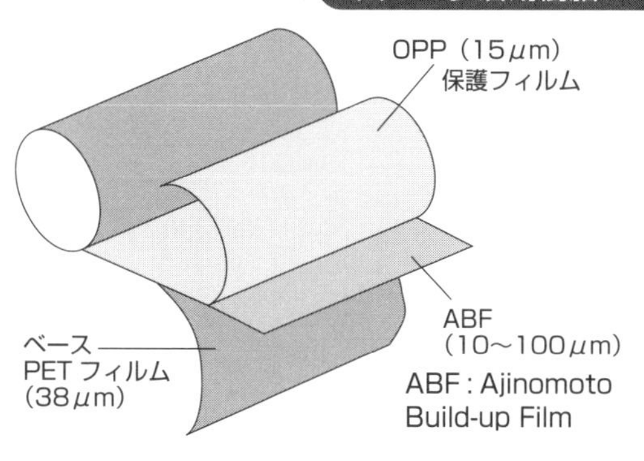

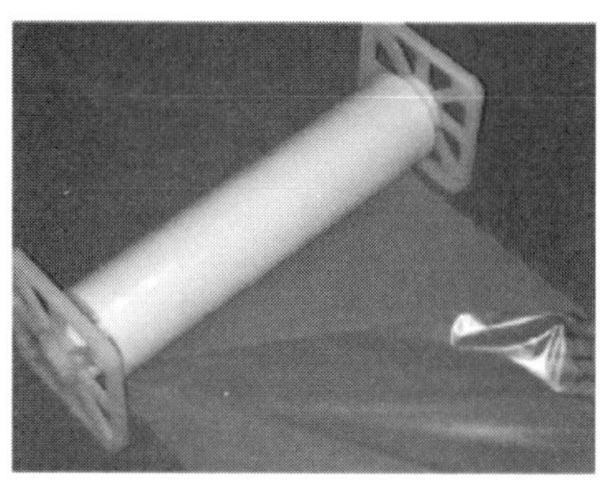

〔出典:奈良橋弘久、中村茂雄;エレクトロニクス実装学会誌 Vol.14,No.5 398（2011）〕

図2　銅箔付樹脂フィルム

図3　銅箔付樹脂フィルムの適用例

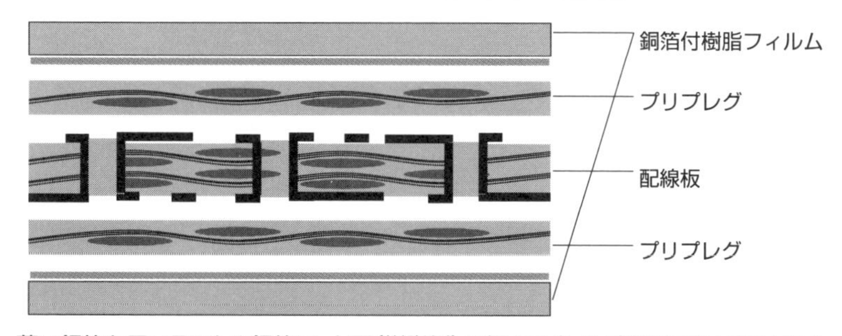

薄い銅箔を用いることや銅箔マット面（樹脂側）の粗さの小さい銅箔を用いることにより、エッチング方式でも微細回路を形成することができます。材料はエポキシ樹脂等銅箔との接着性の良い樹脂を用いる傾向にあり、用途により電気特性の優れた熱硬化性樹脂を用いることもあります。

38 銅張積層板用ガラス布材料（ガラスクロス）

配線板用ガラス布の組成と特徴

プリント配線板の積層板は、銅箔と樹脂、ガラス布からできていますが、そのガラス布の繊維（ガラスフィラメント）の径は3μ～15㎛で束ねた材料で、本数により厚さが異なります（表1）。パッケージ基板の高多層化や軽薄短小化から、さらに薄い材料が要求されており、厚さ10～19㎛の材料も市場に出始めています。ガラス布を用いることにより、プリント板製造時の搬送性（割れたり欠けたりしない）が向上します。また樹脂単独と比較して強度、寸法安定性や厚さ・面方向熱膨張が小さくなり、部品との接続信頼性等が良くなります。通常はリール状に巻かれたガラス布に樹脂を含侵して積層板を作製します。ガラスと樹脂の接着性を向上するため、ガラス布の表面にはシランカップリング剤で処理し、それにエポキシ樹脂が反応して界面が安定し、耐熱性、吸水率が向上します。電気特性向上や表面平滑性の要求からガラスの隙間を少なくした開繊（spread out）ガラス布も開発されています。微細回路形成に有利で、電気特性も安定し、特性が向上します（図1）。

ガラス布を構成するガラスフィラメントは原料の組成比により異なります。表2に組成と特性を示します。一般に使用されているのはEガラスで、多くの分野の積層板に用いられています。ただし、最近、半導体パッケージに有機基板を用いることが多くなり、フリップチップ実装基板等ではTガラスを用いた積層板を適用するケースが増えています。

Tガラスはシリカの量が多く、熱膨張係数は2・8ppm／℃とEガラスの約半分です。Tガラスを用いた積層板は熱膨張が小さく、そりを低減できます。弾性率も高く、半導体パッケージ用基材には最適です。ただし素材自体が硬いためドリル加工性が悪い等のデメリットもあります。チップの大型化に対応したパッケージや薄型でそりが懸念される基板に多く適用されています。

要点BOX
- ●ガラス布により基板の強度、寸法安定性、接続信頼性等が向上し、搬送性も良くなる
- ●フリップチップではTガラス適用が増加

表1　代表的な配線板用ガラスクロス

クロススタイル	フィラメント径(μm)	フィラメント収束本数	織密度(本/inch)		公称厚	単重
			経糸	緯糸	(μm)	(g/m²)
1017	4	50	95	95	15	13
1027	4	100	75	75	20	20
106	5	100	56	56	32	25
1035	5	100	66	68	29	29
1080	5	200	60	47	47	47
1078	5	200	54	54	43	47
2116	7	200	60	58	88	104
7628	9	400	44	32	167	209

図1　開繊クロス(日東紡提供)

#1078　一般

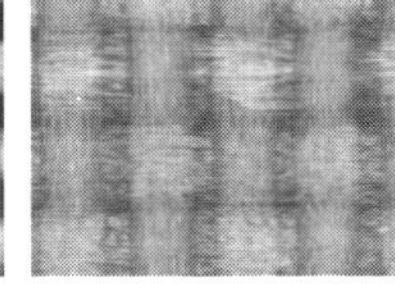
#1078 高開繊

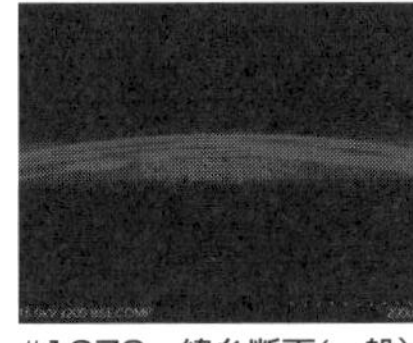
#1078　緯糸断面(一般)

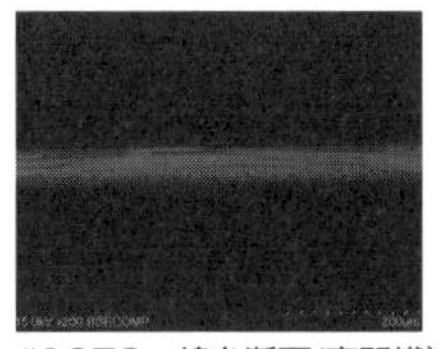
#1078　緯糸断面(高開繊)

表2　各ガラスの組成と特長

成分・特性	Eガラス	NEガラス	Dガラス	Tガラス	Qガラス
SiO_2	52~56	52~56	72~76	64~66	99.97
Al_2O_3	12~16	10~15	0~5	24~26	–
CaO	16~25	0~10	0	0	–
B_2O_3	5~10	15~20	20~25	0	–
MgO	0~5	0~5	0	9~11	–
Na_2O,K_2O	0~1	0~1	3~5	0	–
TiO_2	0~1	0.5~5	0	0	–
軟化温度	840	800	770	＞1000	1670
比重	2.61	2.33	2.14	2.49	2.20
誘電率(10GHz)	6.6	4.7	4.3	5.3	3.7
誘電正接(10GHz)	0.0060	0.0025	–	0.0065	0.0001
線膨張係数	5.6	3.3	3.1	2.8	0.5

シリカ量の多いQガラスは取り扱いが難しく、ドリル加工性、パネル切断性が悪く、まだ適用には時間がかかります。Dガラスは組成のホウ素系材料が多く電気特性に優れていましたが、加工性等に問題がありました。最近はEガラスを改良したNEガラスが主流となっています。これらは、5G関連技術が進み電気特性の要求の高いパッケージ基板やネットワーク用の配線板用基材として、広く適用が検討されています。

39 基材の低熱膨張化の材料設計

半導体パッケージ用基材の熱膨張率を下げる工夫

半導体パッケージ用基材は実装方式の変化により、熱膨張率をチップと近いものにする必要があります。そうしないと実装時や冷却後に基板にそりが発生して信頼性を落とすこととなります。基材には導体としての銅箔のほか、ガラス布と樹脂（フィラー含む）で構成されており、この複合材料の熱膨張率は**図1**のシャペリーの近似式で表すことができます。つまり熱膨張を抑えるには、材料の弾性率と熱膨張係数が大きく寄与しています。樹脂を低熱膨張とするためには、多官能樹脂を用いて架橋点間距離を短くすることが有効です。また熱膨張の小さいフィラーを添加することでも熱膨張率を下げることができます。フィラーには主に熱膨張の小さいシリカ（SiO_2）（5ppm／℃）の材料が使われることが多く、充填率を上げるために球形の材料を適用します。最密充填のため、粒径の異なるフィラーを配合することもあります。フィラーの高充填は熱膨張率を抑えるのに有効ですが、製造工程で凝集等の問題が発生するため、フィラーの表面は有機物との混合に適した表面処理がされたものを使用します。

ガラス布は弾性率が高いのですが、低熱膨張のTガラスを用いると、通常のEガラスと比べて基材の低熱膨張化が図れます。また構成する樹脂の比率を少なくすれば、より低熱膨張化が図れますが、耐熱性、接着性、信頼性等、ほかの特性を維持することも要求されているので調整が必要です。

基材の実装信頼性のための低熱膨張率化は、面方向での要求です。**図2**に構成材料別の熱膨張量を示します。樹脂はTg（ガラス転移温度）を超えると樹脂はゴム領域に入り、熱膨張率は一気に大きくなりますが、弾性率は低下します。これにより複合材料としてはガラス布に引っ張られる形となり、Tg以降の面方向の熱膨張率は下がる傾向にあります。

要点BOX

●ガラス布と樹脂（フィラー含む）の熱膨張を抑える工夫が進んでいる

図1　シャペリー(Scharpery)の複合材料の熱膨張近似式

$$\alpha_{X,Y} \doteqdot \frac{\alpha_1 E_1 \Phi_1 + \alpha_2 E_2 \Phi_2}{E_1 \Phi_1 + E_2 \Phi_2}$$

α：熱膨張係数　E：ヤング率　φ：体積分率　1：樹脂層　2：ガラス布

図2　面方向の熱膨張量

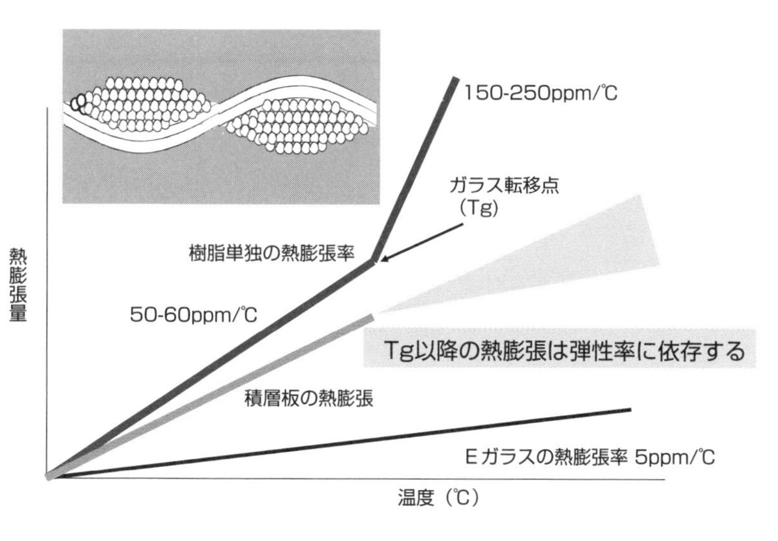

40 感光性絶縁樹脂

ソルダーレジストとRDL用樹脂

ソルダーレジスト（SR）は半導体パッケージ基板および配線板の表層の配線パターンを保護するための材料です（**図1**）。具体的には部品実装時のはんだブリッジの防止、接合部分以外へのはんだ付着の防止・防錆、回路間の絶縁信頼性の維持、外部衝撃からの保護です。SRに要求される特性は耐熱性、耐湿性、耐溶剤性、耐電食性（銅マイグレーション）です。SRは露出する部分とカバーする部分とを選択しなければならないので、マスク等を用いて露光し、光の当たった部分が残り、当たらない部分は現像により除去します。

簡単なプロセスを**図2**に示します。SRの主成分は露光（光感光性）に対応し、かつ現像で剥離できる材料で構成される必要があります。例えばアルカリ現像性を有する樹脂はエポキシ樹脂にアクリル酸を付加してアクリレートを合成し、反応により生じたOH基に酸無水物を反応させることにより、側鎖にカルボン酸基を有するアルカリ水溶液溶解性の樹脂を得ることができます。

同時に配合される光重合開始剤により照射された光でエポキシアクリレート部分の二重結合が反応して硬化します。光の当たらない部分はその後のアルカリ現像により除去されます。リフロー対応の耐熱性要求があり、多官能エポキシ樹脂や微細な無機フィラー等を配合する場合もあります。

SRには液状とフィルムがあります。液状はロールコーターやスクリーンプリンタで塗布、フィルムはラミネータで貼り付けられます。どちらも冷蔵管理が必要であり、感度の高い材料で、可使時間（ポットライフ）も決まっています。

RDL用樹脂については、左頁下で説明します。

要点BOX

- ソルダーレジスト（SR）は基板の表面を保護する材料
- 液状とフィルム状がある

図1　ソルダーレジストの使われる場所

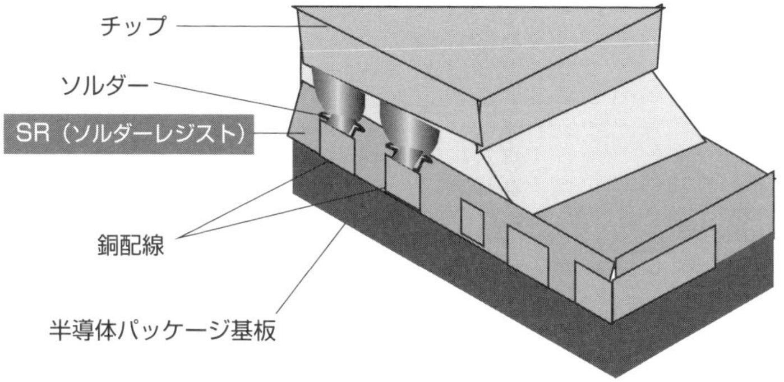

チップ
ソルダー
SR（ソルダーレジスト）
銅配線
半導体パッケージ基板

図2　ソルダーレジストのプロセス

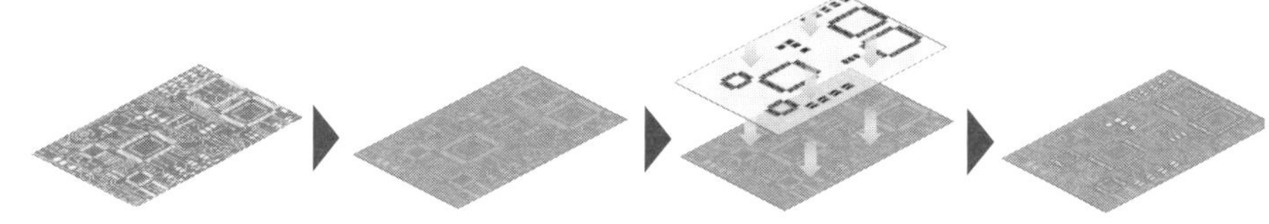

ラミネート前	レジストフィルムのラミネート	露光	現像・硬化
銅回路パターンが形成された基板	ソルダーレジストフィルムを銅回路基板にラミネートした状態	ネガパターンマスクを通してUV照射露光された部分が光硬化	ネガ希アルカリ水溶液で未露光部分を除去 170℃で加熱して完全硬化

〈ファンアウトパッケージ用の再配線用樹脂（RDL）〉

FO-WLP（ファンアウトパッケージ）は新しいパッケージの形態でチップ下の配線形成をスパッタ等で実施します。感光性絶縁材料で配線、ビアのパターン形成を実施します。RDL に用いられる材料ベース樹脂はイミド樹脂が多く、他に PBO（ポリベンゾオキサゾール）、フェノール系もあります。SR 同様光に反応して硬化する部分としない部分が露光、溶解により形成されます。
[SR と異なり、光が当たった部分が溶解するタイプ（ポジ型）もあります。]
SR と比較してより解像度の高い現像性が求められています。製品形態は液状がほとんどでスピンコート等により表面に形成されます。

41 パッケージ関連材料

封止材、アンダーフィル

封止材は半導体チップを外部環境から保護するために使われる材料の1つです。主に光やほこり、水分の混入防止、冷熱サイクル時の膨張収縮からチップと接続端子をつなぐワイヤ等を保護します。

構成材料は熱硬化性樹脂と無機フィラーおよび硬化剤です。熱硬化性樹脂は主にエポキシ樹脂ですがアクリル樹脂、イミド樹脂等も適用されています。

封止材に使われる無機フィラーは、シリカ等の熱膨張の小さい材料が選択され、異なる粒径の材料を細密充填するのが一般的です。近年は封止面積の大判化も進んでいるため、パッケージの反り低減を目的に、低弾性率樹脂等の併用も検討されています。通常はモールド装置で成形され、**図1**のような様々なパッケージに適用されています。

封止材は固形(タブレット、グラニュール)と液状があります。固形封止材は、固形樹脂を加熱溶融した状態で無機フィラーと混錬機で混合し、冷却後粉砕して作られます。粉砕した材料は、トランスファ成形用にペレット状に固めたタブレットやコンプレッション成形用に顆粒化(グラニュール)します。**図2**にプロセスを示します。液状封止材は、液状樹脂と無機フィラー等を混錬して作られます。その後、ディスペンスするためのシリンジ等に充填します。

アンダーフィルは主にチップと有機基板をはんだで直接接続したフリップチップパッケージのはんだ接続部の保護に使われます。液状封止材と同様に混錬後シリンジ等に充填します。アンダーフィルはリフロー工程で半導体チップと有機基板をはんだ接続後、その隙間に毛細管現象で充填するのが一般的です(**図3**)。

近年、チップの大型化や端子数の増加で有機基板との隙間が狭くなっているため、低粘度化による流動性の向上や応力を低減するための低熱膨張・低弾性率化も重要な特性となっています。

要点BOX

- **封止材の加工プロセスにはトランスファ成形とコンプレッション成形がある**
- **アンダーフィルはチップと基板の隙間に充填**

図1　モールディング

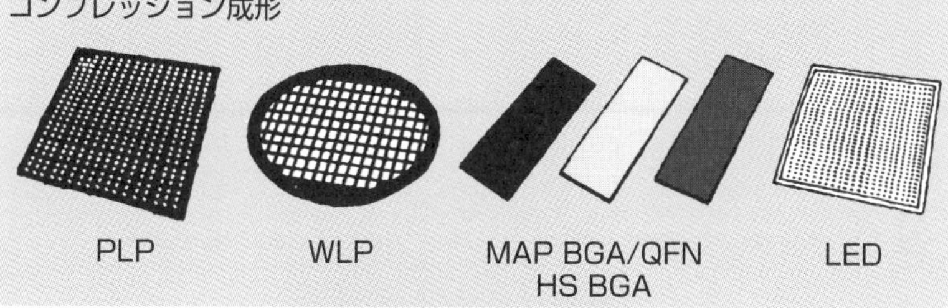

図2　封止プロセス

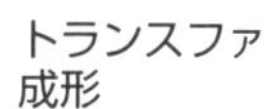

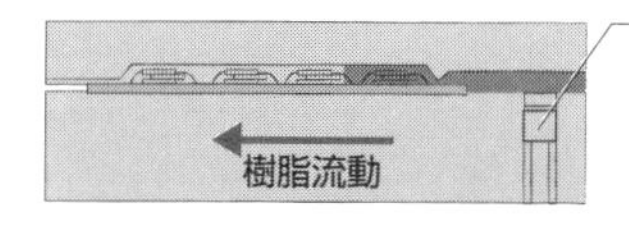

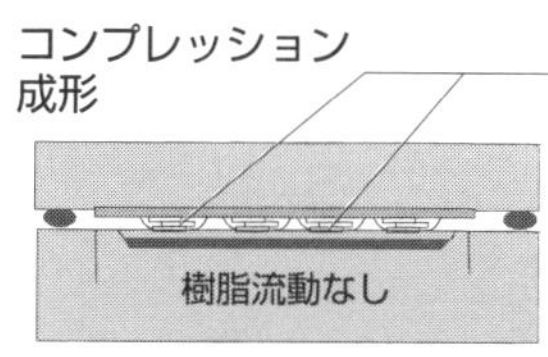

〔出典:封止材の成形;TOWAのWebから〕

図3　アンダーフィルのプロセス

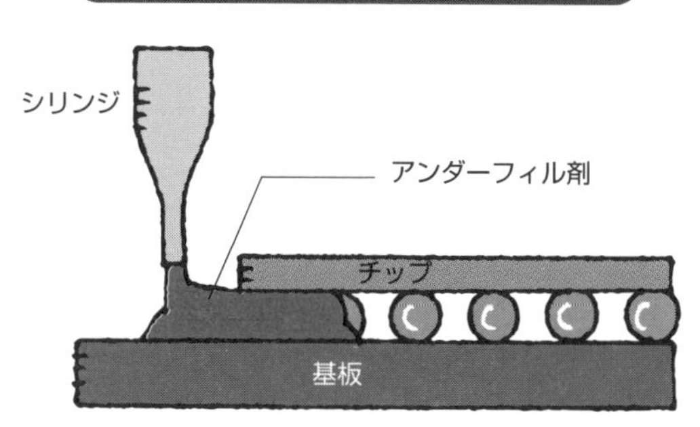

シリンジに充填されたアンダーフィル材がチップと基板のギャップに装填される

図4　アンダーフィル材

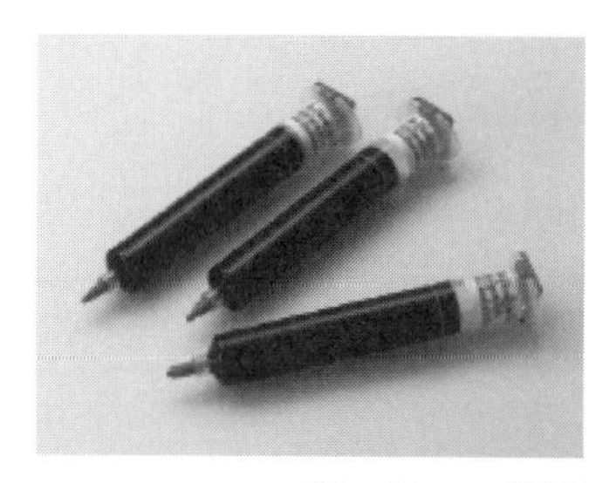

〔㈱レゾナック　提供〕

42 実装プロセスに伴う有機材料

DAF、接着剤、ダイシングテープ等

チップレット等の半導体パッケージ実装技術の進展により、チップやウエハの薄化、ダイシング、接合等の処理が必要となっています。この際、脆いシリコンチップを保持、接着するために各種の樹脂材料が用いられますが、その主なものを示します。

①ダイアタッチフィルム（DAF）：チップと基板、リードフレーム、チップ同士等の間の接着に使用されるフィルム状接着剤で、ダイボンディングフィルムとも呼ばれます。直接ウエハの裏面に貼り合わせ、チップをダイシングした後の接着に使われます。ペーストタイプやフィルムタイプがあります。

②ダイシングテープ：ウエハをチップに切断するダイシング工程で、ウエハの裏面に貼り、ダイシング時のチップを固定するのに使います。ダイシング後のDAF付チップの剥離には、UV照射による粘着力低下が一般的です。

③ファンアウト用材料：FO-WLPの製造においても、図1のように多数の樹脂材料が使われます。ガラス等のキャリア上にチップを配列するための仮接着剤、およびモールド樹脂、そして、キャリア剥離後、再配線層（RDL）を形成する絶縁樹脂です。

④アンダーフィル：フリップチップ実装では、チップとインターポーザの間隙にアンダーフィル樹脂で補強することが一般的です（図2）。従来、液状樹脂をディスペンサで充填していましたが、狭ピッチへの対応のため、基板の接合部に予めアンダーフィル樹脂を載せ、チップをボンダで加熱加圧して樹脂硬化しながら接合する方式もあります（53項参照）。

⑤カバーレイフィルム：リジット基板のソルダーマスクと同様にフレキシブル基板で用いられる保護フィルムのことで、伸縮性が要求されます。図3のようにフィルムに接着層を持つタイプと液状の印刷タイプがあります。微細化が可能な感光性材料も実用化されています。立体配線基板にも使われます。

要点BOX
- ●チップの接着には様々な樹脂材料が使われる
- ●フレキシブル基板の保護にはカバーレイフィルムが使われる

図1　FO-WLP(e-WLB)の製造プロセス

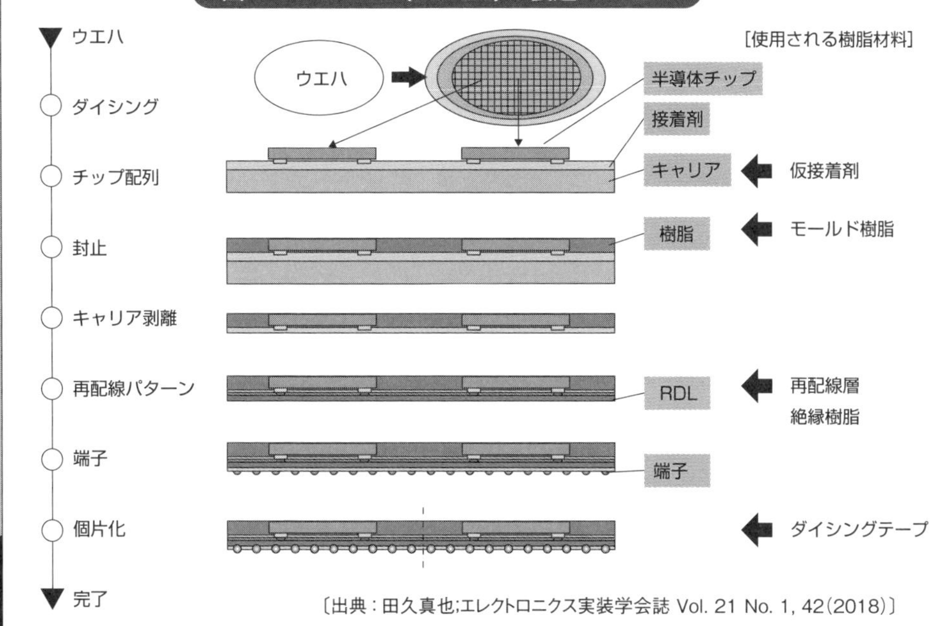

〔出典：田久真也;エレクトロニクス実装学会誌 Vol. 21 No. 1, 42(2018)〕

図2　アンダーフィル説明図

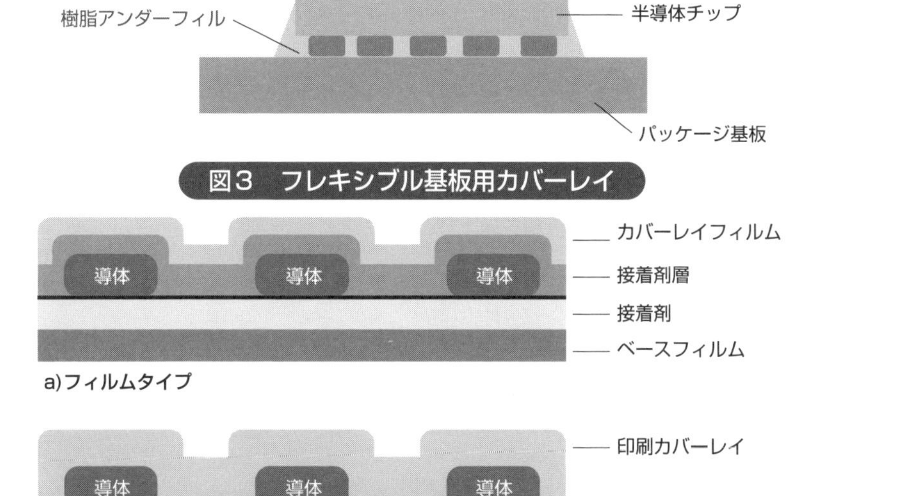

図3　フレキシブル基板用カバーレイ

a)フィルムタイプ

B）印刷（液状）タイプ

43 配線基板用セラミックス材料

パワーデバイス用の実装基板材料

セラミックス基板は、以前は半導体パッケージの主要な基板材料でしたが、現在では、有機材料が使えない高温使用で、高出力が必要なパワーデバイスなどの実装基板として、主に用いられています。**表1**に、主な材料とその特性をまとめました。これらの材料は、粉体を焼結して基板を形成するもので、数%程度の焼結助剤が含まれます。基板上への配線は、主に導電ペースト(**47**項)の印刷で形成されます。

最も使用されている材料は、アルミナ(Al_2O_3)で耐熱性、機械的強度に優れていますが、焼結温度が1600℃と高いため、ガラス等成分を混合して焼結温度を900℃に下げたLTCCも広く使われています。LTCCでは、**図1**に示す工程で多層配線板が作られます。セラミック粉末をシート状にしたグリーンシートにビア穴を開け、ビア内と表面に導電ペーストを印刷し、それらを積層して全体を一括焼結します。LTCCでは、焼結温度で導電ペーストの溶融が起こらないため配線の精度を確保できます。**図2**は、LTCCを用い内層にコンデンサや抵抗などを形成させた多層基板の模式図です。ここでは、サーマルビアでLTCCの低い熱伝導率を補足しています。

最近のパワーデバイスでは、高電力化によりさらなる放熱性が求められ、セラミックス材料でもアルミナ系よりも熱伝導率が格段に高い窒化アルミニウムや窒化ケイ素の基板材料や放熱材としての需要が増大しています。これらはLED照明における放熱基板としても検討されています。**図3**はLED用絶縁放熱パッケージで、窒化アルミニウム基板表層に銅がメタライズされています。また、これらの高熱伝導性セラミックス粉末は、樹脂に充填、成型されて非金属の絶縁性放熱材としても利用されています。他の材料としては、立方晶窒化ホウ素、酸化マグネシウムがあります。

要点BOX

- セラミックス基板の主な用途はパワーデバイス用実装基板
- 高熱伝導性材料へのニーズが高い

表1　主なセラミックス基板材料

項目	単位	Al_2O_3	LTCC	AlN	Si_3N_4
熱伝導率	W/(mK)	20	Al_2O_3より低い 成分により異なる	180	70～180 結晶軸方向で異なる
電気抵抗	Ωcm	$>10^{14}$	$>10^{14}$	$>10^{14}$	$>10^{14}$
誘電率	(@1MHz)	8.5	7~8	9	9
誘電損失		0.0003	0.002	0.0005	0.0008
熱膨張係数	$\times10^{-6}$/℃	7.3	5~7.5	4.4	3.4
密度	g/cm^3	3.9		3.3	3.2
ヤング率	Gpa	350～400	成分により異なる	280	320
強度	MPa	350		350～550	500～800

LTCC(Low Temperature Cofired Ceramic)　低温焼成セラミックス
:$CaO \cdot B_2O_3 \cdot SiO_2$など含有のガラス成分と$Al_2O_3$粉末の複合材料)

図1　LTCCシートを用いた並列同時焼成法

LTCCグリーンシート：
粉末をペースト状にし、キャリアフィルム上に薄いシートとして延ばし、乾燥させたもの

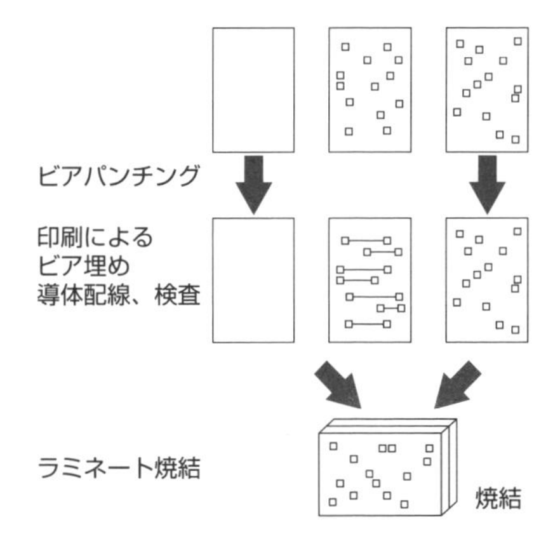

上層の印刷、乾燥、焼成

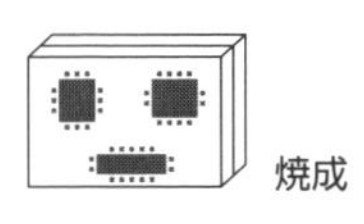

〔出典:西垣進;エレクトロニクス実装学会誌 Vol.1 No.3 p. 201(1998)〕

図2　低温焼成基板(LTCC)による高密度ハイブリッド基板の構造概念図

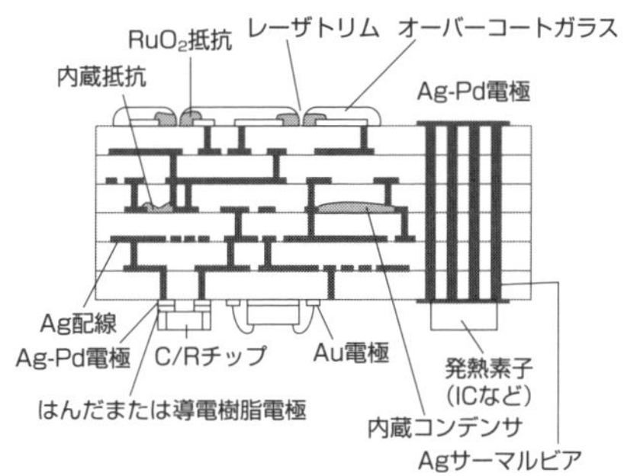

〔出典:西垣進;エレクトロニクス実装学会誌 Vol.1 No.3 p. 201(1998)〕

図3　LED用AlN絶縁放熱パッケージ

AlN基板上に低電気抵抗材料であるCuをメタライズして配線

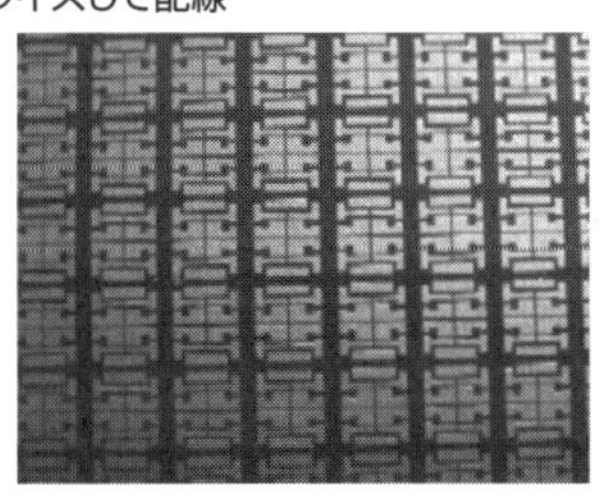

〔出典:金近幸博;エレクトロニクス実装学会誌 Vol.15 No.3 p. 185(2012)〕

44 各種導電材料

配線材料の形成手法

図1は、マザーボードレベルの実装階層状態の模式図で、半導体パッケージや部品などがプリント配線板上に実装されています。プリント配線板や半導体パッケージには多くの配線が含まれ、それらは導電材料で形成されています。また、半導体パッケージ内、およびプリント配線板上では、半導体や各種部品が相互に接合材料によって電気的に接続されています。この接合材料も導電材料です。ここでは、このような導電材料を総括的に見ていきます。

表1は、プリント配線板、半導体パッケージ基板等に含まれている主な配線材料をまとめたものです。配線材料は、ほとんどの場合、銅が使用されます。多層基板では、平面方向に形成された回路が複数層で層間接続されて多層化されます。回路は銅箔のエッチング、および銅めっきで形成されます。層間接続は、銅めっきによるスルーホールめっき、ビアめっきで行われるのが一般的ですが、一括積層基板では、特殊開発された導電ペーストが用いられます。プリンテッドエレクトロニクスでは、導電インクを用いて印刷した配線が用いられます。また、半導体パッケージとして量的に主要なリードフレームでは、金属板をプレスやエッチングして回路が形成されます。

表2は、実装に用いられる主な接合材料をまとめたものです。半導体と基板との実装は、表中のFC、WB、TABといった方法、材料により行われます。ただ、この分野は特に微細化に向けた新規開発が盛んで、新たな材料や実装形態が今後も登場するでしょう。部品や半導体パッケージと、プリント配線板との実装では、ほとんどの場合、はんだが接合材料として用いられますが、はんだ材料の形態は、個々の実装方法によります。全ての接合を十分な強度、信頼性で行うため、対象の接合パッド部には予め表面処理が施され、接合材料、表面処理材料と接合条件が適切に組み合わされていることが重要です。

要点BOX
- 基板上の配線も導電材料で接続されている
- 微細化に向けて新規材料開発が進む
- 接合には材料の組合せと表面処理が重要

図1　マザーボード上に実装された半導体パッケージ(PKG)や部品

プリント配線板、半導体パッケージ基板は配線材料を含み、
これらは、いろいろな接合材料で相互に接合されている。

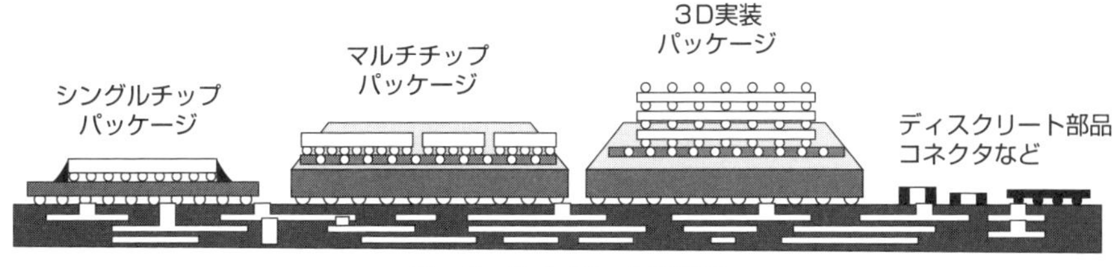

マザーボード（プリント配線板）

表1　主な配線材料

要素	対象	形成手法	材料
回路	半導体パッケージ基板 プリント配線板	エッチング	Cu箔
		めっき	CU
	プリンテッド エレクトロニクス	印刷	インク(Ag,Cu)
	リードフレーム	プレス	Cu合金 Fe-Ni合金
		エッチング	
層間接続	半導体パッケージ基板 プリント配線板	スルーホールめっき	Cu
		ビアめっき	
	一括積層基板	導電ペースト充填	Cu合金

表2　主な接合材料

要素	形成手法	接合方法	材料*
半導体／基板実装			
フリップチップ(FC)	スタッドバンプ めっきバンプ・ピラー	超音波圧着	Auスタッドバンプ Auめっきバンプ
		マスリフロー TCB	Cu,はんだバンプ Cuピラー
		圧着	異方性導電膜
ワイヤボンディング (WB)	微細ワイヤ	ワイヤボンダ	Au,Cu,Ag,Alワイヤ
テープオートメィテッド ボンディング(TAB)	めっきバンプ	ギャングボンディング	Auバンプ
部品／基板、および半導体パッケージ／基板の実装			
はんだ結合	はんだペースト印刷	マスリフロー フロー	はんだ(ペースト、 ボール、溶融はんだ など各種)
	はんだボール搭載		
	フローはんだ		
コネクタ	プレス	挿抜	Cu合金

*接合部には表面処理が施される

45 銅箔・銅材料

電解銅箔と圧延銅箔

プリント配線板、半導体パッケージ基板の配線材料はほとんどが銅であり、それらは銅箔と銅めっきを組み合わせて形成されます。加工のスタートとなる材料は、大半が銅箔と絶縁材を組み合わせたものか、絶縁材に銅めっきを施したものです。銅材料として主要な特性は、銅の物理特性、および絶縁材との密着性です。密着性を上げるために銅材料の粗度を上げると、表皮効果のために高周波信号伝送特性が低下しますので、銅材料表面は平滑であることが望まれます。ただし、このような特性の要求度は、用途により大きく変わりますので、用途に合わせた銅材料が用意され、開発されています。主成分が同じ銅である材料でも、製法や加工法で特性は大きく異なりますので、コストなども勘案して適切な材料選定が必要となります。

表1は、主な銅箔の種類と特性を分類したものです。最も一般的な電解銅箔は、電解液から陰極（チタンドラム）上に析出させた銅箔に密着性向上のためのコブを表面処理で析出させて巻き取ったものですが、電解液や電解条件の調整で低粗度とした低粗度電解銅箔や、MSAP用のキャリア付き極薄銅箔が生産されています。また、これらに対して、**図1**のようにコブを微細化し、粗度低下による伝送特性改善も検討されています。

フレキシブル配線板では、電解銅箔でなく圧延銅箔が用いられます。これは、銅金属の塊を繰り返し圧延、焼鈍し、所定の厚さになるまで加工した銅箔で、高い耐屈曲性となります。**図2**のように、電解銅箔が柱状組織で、折り曲げた際に粒界に沿ってクラックが伝播して早期に破断するのに対し、圧延銅箔は低温（樹脂ラミネート程度の温度）でも等方的組織となり、曲げ時のクラックが伝搬しにくく耐屈曲性が高くなります。圧延銅箔では密着性向上のための独特な表面処理が開発されています。

要点BOX

- ●主成分は同じでも製法や加工法で特性が異なる
- ●フレキシブル基板では圧延銅箔が用いられる

表1　主な銅箔の種類と特性

	一般電解銅箔	低粗度電解銅箔	キャリア付き銅箔	圧延銅箔
構成	電解析出銅箔	低粗度電解析出銅箔	キャリア箔／剥離層／極薄電解箔	圧延銅箔→アニールで再結晶
表面処理	粗化コブ(めっき)		微細コブ(めっき)	電解箔と異なる非常に微細な粗化処理 Cu-Co-Ni合金
厚さ	>9μm	>12μm	<5μm(キャリア>10μm)	>9μm
粗度	Rz:4.5μm	Rz:1.1μm	Rz:1.3μm	Rz:0.7μm
用途	一般	高周波信号伝送	MSAP法	FPC

〔出典:松田光由 表面実装 vol.72 No.6 p.345-351(2021)、飯田浩人 表面実装 vol.68 No.9 p.488-493(2017)、山西敬亮 エレクトロニクス実装学会誌 Vol.7 No.5 428(2004)〕

図1　コブ面粗度の伝送損失に及ぼす影響

ベース銅箔	VSP™(両面平滑銅箔)		
製品名	HS1-VSP™	HS2-VSP™	SI-VSP™
構造			
コブ面粗度Rz(μm)	1.1	0.7	0.5

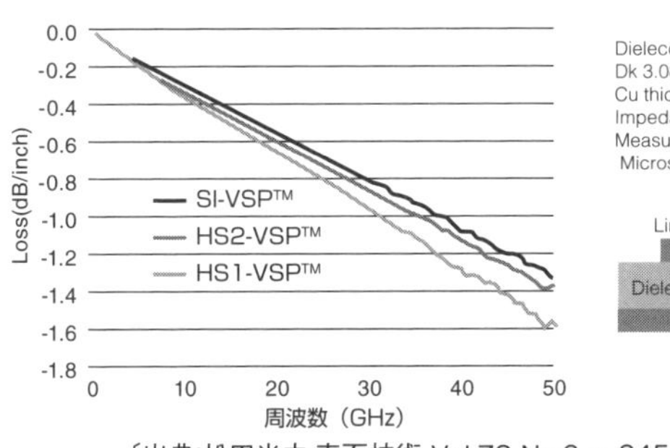

〔出典:松田光由;表面技術 Vol.72 No.6 p. 345-351(2021)〕

図2　電解銅箔と圧延銅箔の結晶構造の相違

(1)標準電解銅箔35μm

【常態】　【200℃。30分過熱処理後】

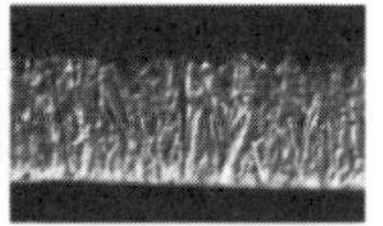

熱処理で金属結晶組織に変化は認められない。厚み方向に柱状の組織が発達しているため、銅箔を折り曲げた際、この柱状結晶組織の粒界に沿ってクラックが伝播し、早期に破断。

(2)圧延銅箔35μmの断面

【常態】　【200℃。30分過熱処理後】

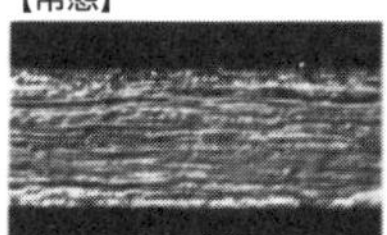
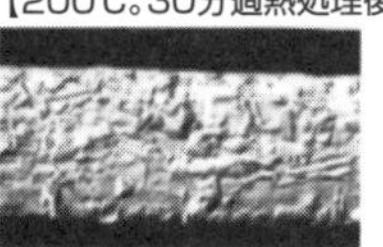

この程度の温度でも完全に再結晶組織に変化。結晶組織が等方的なので、クラックが伝播しにくく、耐屈曲信頼性が非常に高い。

〔出典:山西敬亮;エレクトロニクス実装学会誌 Vol.7 No.5 428-432(2004)〕

46 銅めっき析出物

無電解銅めっきと電解銅めっき

プリント配線板などの回路導体では、図1のようなクラックが発生して導通抵抗が増大し、接続信頼性が損なわれる場合があります。これは、樹脂と銅の熱膨張率の差により加熱時に応力がコーナー部やビアの底部にかかったもので、いろいろな要因が関わっていますが、材料面では特性の低下により発生した応力に抗えなかった可能性があります。このようなビアは主にめっきで形成されるので、めっきのやり方および管理法を知り、的確に実施して不具合の発生を抑え込む必要があります。銅めっきには、無電解銅めっきと電解銅めっきがあります。

無電解銅めっきは、スルーホールの内部やビルドアップ樹脂など絶縁材料表面に銅を析出させ、後続の電解銅めっきの給電層とする手法です。図2の反応式のように銅イオンが液中のホルマリンで還元して析出し、副反応として水素が発生します。この水素がある程度析出物中に取り込まれてボイドとなり、めっき膜の機械的特性やエッチング耐性に影響することが知られています。しかし、その程度は、無電解銅めっき液の選択、およびめっき条件の適正化などで軽減して問題ないレベルに抑え込むことができますので、条件管理が非常に重要です。

電解銅めっきは、回路導体そのものを形成する工程で、図3の反応式のようにカソードで銅が析出します。電解銅めっき液では、有機添加剤の効果で析出する銅は光沢を有します。結晶を微細化して諸特性が改善され、析出後に結晶は自然に粒成長します（セルフアニール）。光沢のムラは析出結晶のムラとなり、無光沢部は特性劣化の傾向があります。添加剤成分はめっき膜中にほとんど共析しませんが、図3のように、めっき液中の不純物が蓄積するとめっき膜中に共析し、粒成長が妨げられて諸特性が劣化する場合があります。したがって、有機添加剤成分、および不純物蓄積の管理が必要です。

要点BOX
- ●無電解銅めっきは条件管理が重要
- ●電解銅めっきでは有機添加剤成分、不純物蓄積の管理が必要

図1　ビルドアッププリント配線板におけるビアクラックの例

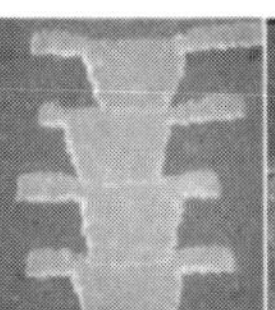

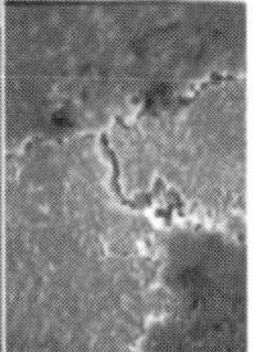

コーナークラック

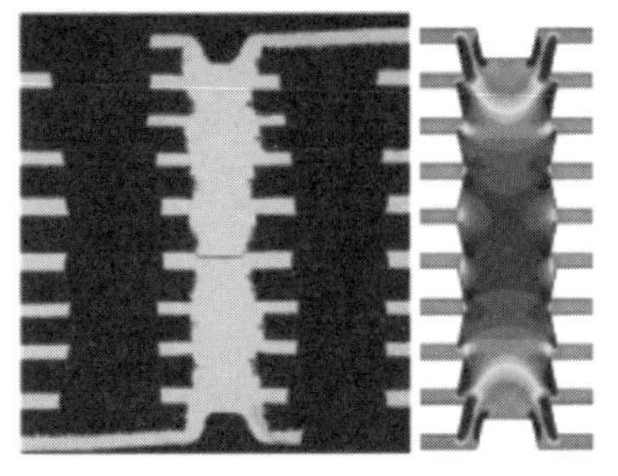

バレルクラックとストレスの状況

〔出典:髙木清;表面技術 Vol.59 No.9 p. 570-578(2008)〕

図2　無電解銅めっき膜内の水素状態

無電解銅めっきの反応

Cu^{2+} - L + $4OH^-$ + 2HCHO
→ Cu + $2HCOO^-$ + H_2 + $2H_2O$ + L
（Lは銅イオンの錯体：EDTAまたは酒石酸塩）

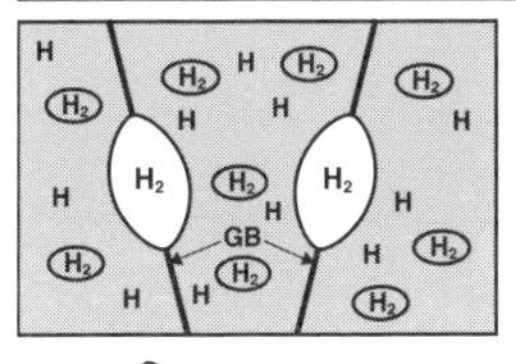

大きなボイドは粒界にトラップされ、
小さいボイドは粒の内部に均一に分布している。

これらのボイドの存在は、無電解銅めっき膜の
ダクティリティの低下に大きく影響している。

H_2 H_2 =ボイド
H =水素原子
H_2 =水素分子
GB =粒界

〔出典:中原昌平;表面技術 Vol.63 No.4 p. 200-208(2012)〕

図3　電解銅めっき膜中の粒構造

電解銅めっきの反応

カソード反応：Cu^{2+} + $2e^-$ → Cu
アノード反応：(可溶性アノード)Cu → Cu^{2+} + $2e^-$
(不溶性アノード)H_2O → $1/2O_2$ $+2H^+$ + $2e^-$

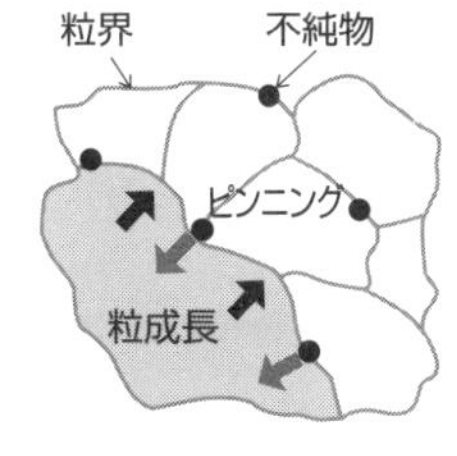

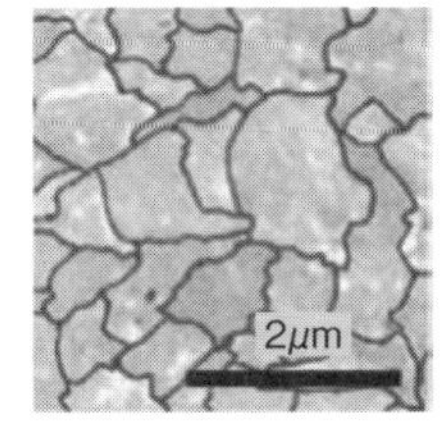

左／不純物によるピンニングの模式図
右／FIB-SIM像に粒界を書き入れたもの

〔出典:上野和良;表面技術 Vol.63 No.4 p. 227-232(2012)〕

47 導電ペースト

導電ペーストやインクは特殊な用途の回路形成、ビア接続、部品接合に使用されています。

①回路形成用ペースト材料：プリンテッドエレクトロニクス、およびアディティブマニュファクチャリングの回路パターン形成に導電インクが使用されます。手法は印刷、インクジェット印刷も用いられます。用途は素材がフレキシブル、または立体的な場合が多く、適合性が良いためです。マスクレスで回路形成ができ、めっきやエッチング工程を使用しないため、少量多品種に適合し、環境負荷が少ないとも言われています。**図1**は、導電性銅ナノインクを用いて、インクジェット印刷したサンプルとそれをフォトシンタリングした銅皮膜の断面です。銅皮膜は粒子同士が焼結し、比較的緻密で連続しています。また、銀のナノ粒子を分散させたインクでインクジェット印刷し、100℃台の低温領域で加熱焼結することで形成する技術も報告されています。インクは3Dプリンタ用として開発されたものです。

②ビア接続用ペースト材料：**図2**は、導電ペーストを充填したビアを用いて一括積層法で作製された基板の断面です。めっきやエッチング工程を使用しない環境負荷が少ない手法として開発されています。このペーストは、含まれる金属粉末が積層プレス時に溶融して銅電極と反応して金属間化合物を形成し、金属接合によって層間が接続されます。プレス後はビアの主要部が金属間化合物に変化し、300℃以下で再溶融しない金属組成となります。

③部品接合用ペースト材料：パワーエレ系では、はんだ溶融温度以上の動作環境となるため、チップ下ダイアタッチへの銀や銅ペーストの導入による耐熱性、放熱性向上が検討されています。**図3**はその加熱焼結プロセス概略図です。比較的低温でも共存する有機物の放出でナノ粒子が凝集し、バルク金属に近い状態となることが示されています。

要点BOX
- ●導電インクはプリンテッドエレクトロニクス等で使われる
- ●パワー系ではペーストで耐熱・放熱性を向上

図1　導電性Cuナノインクを用いてインクジェット印刷したサンプルのフォトシンタリング後の Cu 回路(左)と断面構造(右)

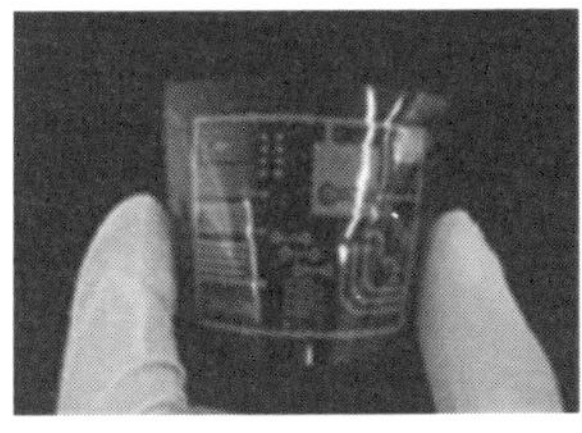

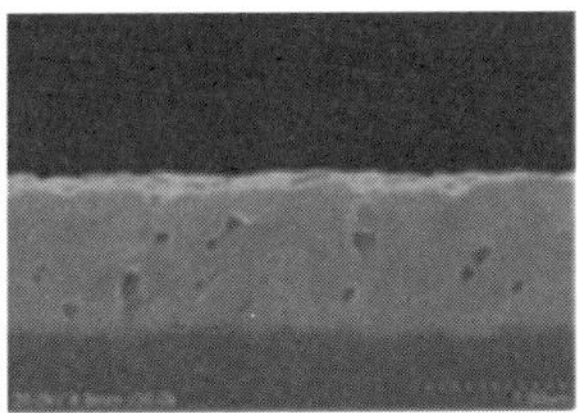

フォトシンタリングは、紫外から赤外までのブロードな波長を有するキセノンフラッシュ光を利用し、大気下、室温で数ミリ秒といった非常に短時間に Cuナノインクを焼成し導体化する技術。

〔出典:南原聡,川戸祐一,有村英俊;エレクトロニクス実装学会誌 Vol.22 No.7 p. 613-616(2019)〕

図2　F-ALCSプロセスによる一括積層後のペーストビアの断面

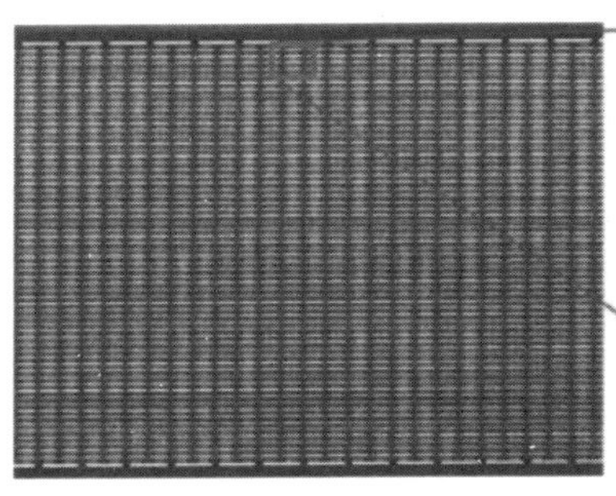

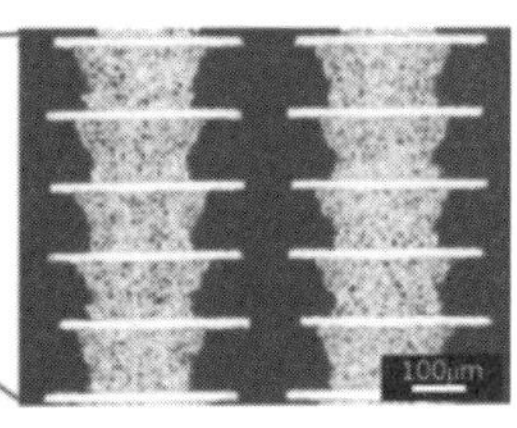

〔出典:飯田憲司,酒井泰治;エレクトロニクス実装学会誌 Vol.25 No.3 p.186-190(2022)〕

図3　金属ナノ粒子を用いた焼結型接合プロセスの概略と 焼結層断面の一例

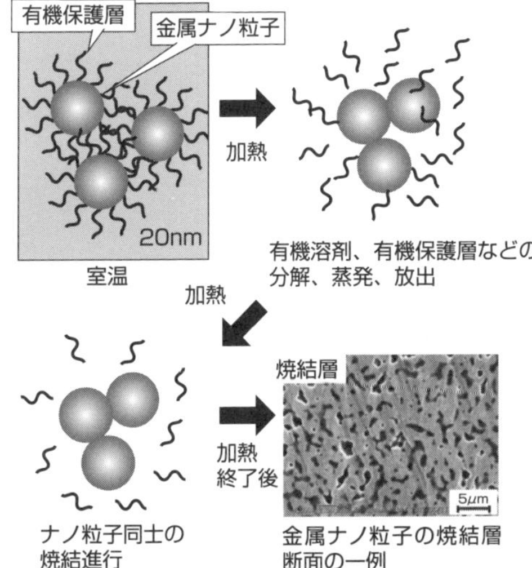

加熱中にペースト中の有機物が分解、除去された後、ナノ粒子同士の凝集と焼結が進行し、さらに圧力を加えながら加熱することで接合層はより緻密化され、加熱後にはバルク金属に近い状態となり、接合が達成される。
無加圧での接合の場合には、接合層は十分に緻密化せず空隙(ポア)を含む焼結層が形成される。

〔出典:西川宏;エレクトロニクス実装学会誌 Vol.25 No.7 p. 685-690(2022)〕

48 半導体と材料

実装技術者向けの半導体製造工程の解説

ここで改めて回路基板、実装技術に関わる方々に向け、半導体に用いられる材料と製造の工程についておさらいします。半導体内部は実装関連技術者にとってかつては専門外領域でしたが、チップレット関連技術の進展で境界領域が曖昧になってきており、実装関連技術者も半導体そのものについて知ることが今後ますます重要になります。

半導体の製造工程は数百ステップもあると言われますが、**図1**はその前工程までを簡略化して示したものです。出発材料となるシリコンウエハは、シリコン単結晶インゴットをスライスし、表面を研磨して製造します。また、回路等のパターンの設計データから露光用のマスクを作製します。

微細度は大きく異なりますが、半導体製造の前工程でも導体回路と絶縁層を作製し、導体層間をビアで接続するという点では回路基板と同様です。さらに半導体では、内部にトランジスタを大量に作り込み、それらの接続も行います。これらでは、導体、絶縁体、半導体の薄膜生成、フォトレジスト塗布、露光・現像、エッチング、レジスト剥離・洗浄というリソグラフィの手法を適用します。トランジスタに対しては不純物イオン注入が行われます。これらの工程が必要な積層回数だけ繰り返されます。積層は表面の凹凸を平坦化してから行います。

半導体に用いる導体材料は、Al、Cuが主で、必要に応じて多様な金属材料が併用されます。これらは、PVD(スパッタ、蒸着)CVDで成膜されます。絶縁材料、半導体材料は、シリコン酸化物、窒化物、ポリ(多結晶)シリコンといったシリコン化合物からなり、それらは主としてSi含有化合物を用いたCVDやALDで成膜されます。このような金属材料、シリコン化合物、およびその成膜方法、加工方法は、半導体のさらなる高速化、省電力化等の要求により、世界中で研究開発され、革新し続けています。

要点BOX
●実装技術者や材料開発者も半導体およびその工程について知ることが重要

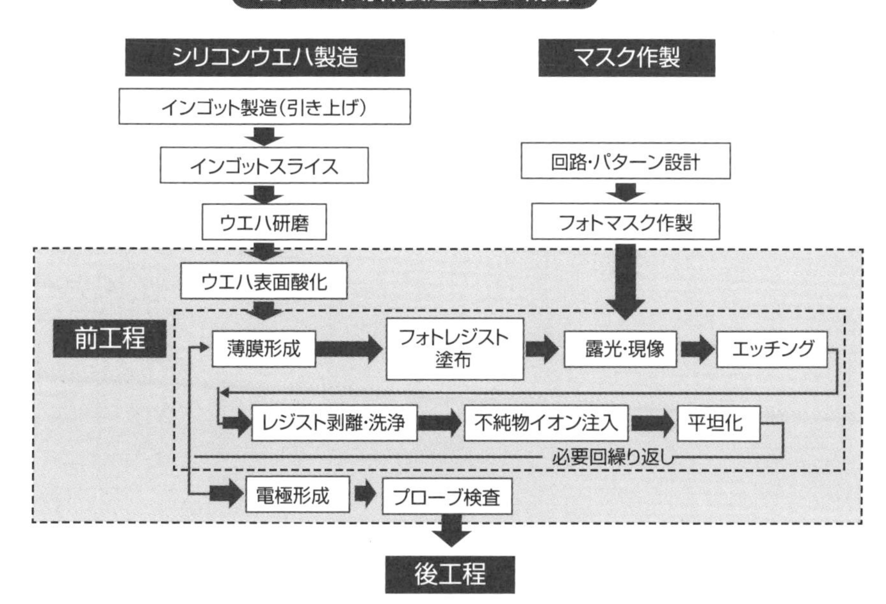

表1　半導体に用いられる代表的材料

工程		代表的設備	代表的材料		主なプロセス材料
			導電材	絶縁体ほか	
出発材料			シリコンウエハ		
前工程	ウエハ表面酸化	加熱炉		シリコン酸化膜	
	薄膜形成	PVD(スパッタ、蒸着) CVD、ALD	Al Cu 他* スパッタリング用ターゲット CVDケミカル	Si化合物　酸化物、窒化物、ポリシリコン他** CVD用Si含有ケミカル	
	フォトレジスト塗布	スピンコータ			感光性レジスト
	感光・現像	露光機(ステッパ) 現像機			フォトマスク 現像液
	エッチング	ドライエッチャー			エッチング用ガス
	レジスト剥離・洗浄	(ドライ)プラズマアッシャー (ウェット)ウェット剥離機 洗浄機			(ドライ)プラズマ用ガス (ウェット)レジスト剥離液
	不純物イオン注入	イオン注入装置			イオン源ガス
	平坦化	CMP			CMPスラリー

*目的により多様な金属が併用される
例:バリア層(Ta,TaN,TiN,Ru)シリサイド化層(Co,Ni,Ti)コンタクト(W,Co)
**Low-k(低誘電率)絶縁膜など
PVD:Physical Vapor Deposition　CVD:Chemical Vapor Deposition　ALD:Atomic Layer Deposition
CMP:Chemical Mechanical Polishing

49 パワーデバイスの実装材料

パワーモジュールの構造と材料への課題

電気自動車の普及、発電や家電・産業機器における省電力化による低炭素排出社会実現の要請のため、パワーデバイスの低損失化が求められています。パワーデバイス、および用いられる周辺材料の開発が進み、市場も大きく拡大しています。

パワーデバイスでは、低損失、高性能化に加えて小型化が進展し、機器の大電力化に伴って発熱密度・発熱量が増大するため、耐熱性と効率良い放熱が求められます。さらに、現在はSi製デバイスがまだ主流ですが、今後SiCやGaNデバイスの採用で一層の高電流密度化、高温動作となり、その環境下でのパワーモジュールの信頼性向上が求められます。

図1は、パワーデバイスをパッケージ化した代表的なパワーモジュールの概略図と構成要素をまとめたものです。半導体チップが固着された絶縁基板を金属放熱板上に固着し、ワイヤボンディングなどで結線後、樹脂封止するパッケージ構造体です。これは、デバイスの片側からの冷却を行う形態ですが、両側から冷却を行うものもあります。パッケージの形態には、ディスクリートタイプもあり、これは半導体素子をリードフレームに固着し、ワイヤボンディング接続後、樹脂封止するものです。

パワーモジュールでは、高温での信頼性向上のため、高温はんだ材の高強度化や脱鉛化、はんだの融点以上の動作のための銀や銅焼結材のダイアタッチ材の適用が進んでいます。また、低熱膨張率の放熱材の開発も行われています。冷却方式としては、空冷・水冷などの採用が検討されています。

図2は、パワーデバイス実装構造のこれからのトレンドを示したもので、小型化、放熱性向上の動向が伺えます。ケース型のゲル封止構造から、固形樹脂によるモールド構造、両面冷却構造へと進化し、さらにSiCパワーデバイス実装の両面直接冷却構造が予想されています。

要点BOX
- ●パワーモジュールは高温での信頼性向上が重要
- ●パワーデバイスの実装構造は多種多様に進化している

図1　片面冷却型パワーモジュールの概略図と構成要素

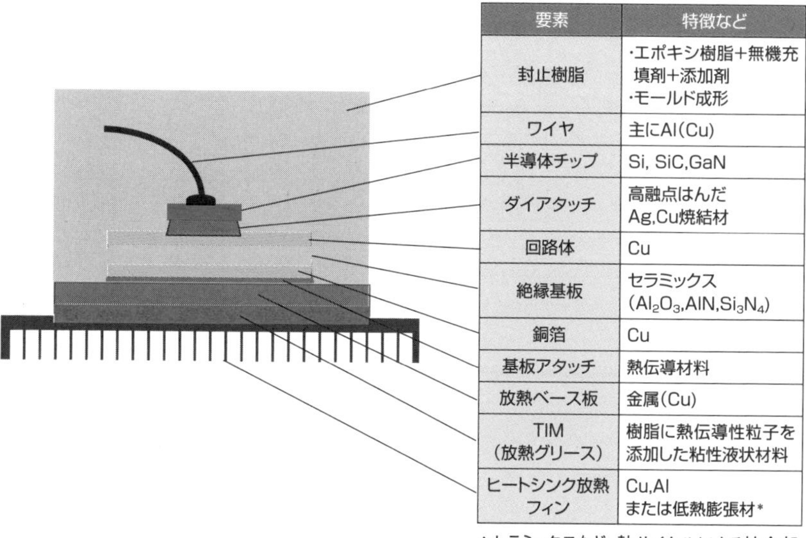

要素	特徴など
封止樹脂	・エポキシ樹脂＋無機充填剤＋添加剤 ・モールド成形
ワイヤ	主にAl(Cu)
半導体チップ	Si, SiC,GaN
ダイアタッチ	高融点はんだ Ag,Cu焼結材
回路体	Cu
絶縁基板	セラミックス (Al_2O_3,AlN,Si_3N_4)
銅箔	Cu
基板アタッチ	熱伝導材料
放熱ベース板	金属(Cu)
TIM （放熱グリース）	樹脂に熱伝導性粒子を添加した粘性液状材料
ヒートシンク放熱フィン	Cu,Al または低熱膨張材*

*セラミックスなど。熱サイクルによる接合部の劣化を抑制

図2　パワーデバイス実装構造のトレンド

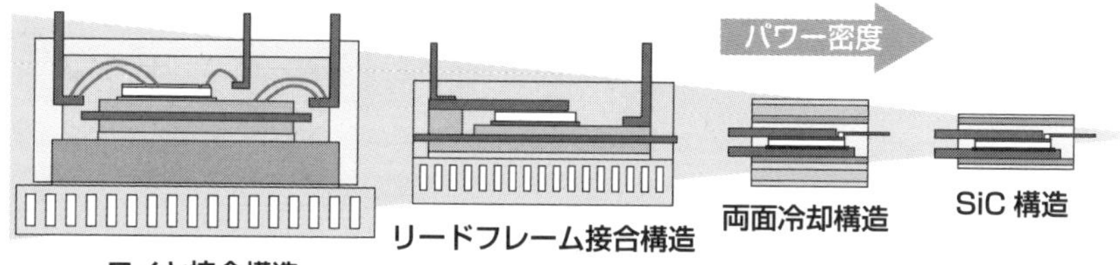

〔出典:高橋昭雄;エレクトロニクス実装学会誌 Vol.24 No.5 p. 436-443(2021)〕

Column

失速する日本の科学研究力

実装分野の研究開発は、大学、公立研究機関、および各企業において行われ、その関係者はエレクトロニクス実装学会（JIEP）で集い、情報共有化しています。JIEPは、その管轄行政機関が文科省でなく経産省であるという特色があり、これは実装分野が産業界に根差した技術であることを象徴しているものです。その一方で、実装分野の研究開発には、多くの大学関係者も携わっておられるものの、論文発行の量という観点では不十分と思います。JIEP学会誌でも論文投稿は多くなく、支える会員数も減少傾向です。

JIEPのみならず、日本の学会活動は、少子高齢化の進行で縮小の方向と考えられますが、原因はそれだけなのでしょうか。「科学立国の危機　失速する日本の研究力」（豊田長康著　東洋経済新報社　2019年）では、人口あたりの学術論文数はGDPと相関があり、日本はもはや論文の量も質も他国に抜かれているそうです。論文数は、日本の総数は世界第5位ですが、人口あたり、生産年齢人口あたりで比較すると主要国中で下位になります。これは他国が年次で増加傾向にあるのに対し、日本は増加していないためです。理工系論文に限定しても、ほかの先進国が増加する中、減少に転じています。産業界では、論文数よりも特許数で評価すべきかもしれませんが、製造業では論文数もGDP指数を介して特許出願数と相関があり、指標にできるようです。

論文数は、主に、研究従事者数、研究時間、研究活動費、研究施設設備費など、「人と金」の因子で決まるそうです。すなわち、論文数の減少は、研究者全体の人数と研究に従事する時間が減り、研究に掛ける金が削減されたことになります。もし、大規模研究機関（特定大学、公的研究機関や大企業）で、むしろ増員し資金も掛けられているとしたら、国全体としての「選択と集中」に誤りがあるということでしょう。研究活動の裾野（中小規模、多様な内容に対する人員や資金の分配）が広がらないことにより、国全体の科学研究力が落ちていると思われます。

また、大規模機関は、学会活動を通して技術情報共有化に関してさらに積極的になるべきと考えます。これは、研究活動の裾野を広げるだけでなく、研究者自身の視野を広げる効果があると思います。

製品として残らない プロセス材料

50 プリント配線板のプロセス材料①

回路形成用の感光性レジスト材料

プリント配線板および半導体パッケージ基板の回路形成は、主に銅箔をエッチングするか、シード層上のめっきにより形成されます。エッチング方式により回路を形成する場合には、感光性材料（フィルム、液）を表層に配し、回路形成用マスクを介した光露光により回路パターンを形成します。感光性材料でカバーされていない銅が露出している部分は、エッチング等により溶解されます。その後、アルカリ性溶液で感光性材料は除去されるため、最終的にプリント配線板には残りませんが、回路形成のために重要な材料です。

①感光性ドライフィルムレジスト（DFR）：プリント配線板作製で多く使用されている材料です。ドライフィルムラミネータによって表層に貼り付けて、その後露光・エッチング・レジスト剥離を行います。図1に簡単なプロセスを示します。通常リール状で、支持フィルムと保護フィルムの3層構造で供給されます。構成する材料は表1のように、多種の材料が混合されています。最近の傾向として微細回路形成の要求があり、そのために高解像度化及びフィルムの薄型化が必要です。（薄くすると現像性が向上します。）薄型フィルム製造のために、異物巻き込み等を防ぐ検討もされています。

②感光性液状レジスト：感光性液状レジストは液状で供給され、スピンコートや印刷により表層に塗布されます。使い方はフィルムと同等ですが、ろ過等により、より細かな異物除去ができます。使い方により薄い成膜形成（5㎛）が可能です。フィルムと比較して解像度が高く、より微細な回路形成用に使用されています（表2）。感光性液状レジストは瓶・缶で供給されるため、比較的保管が楽な反面、コート後に乾燥等が必要で、プロセスが若干複雑化します。これらの感光性プロセス材料は、配線板やパッケージ基板の仕様に応じて使い分けられています。

要点BOX
- ●回路形成用の感光性材料にはドライフィルム状と液状がある
- ●感光性材料はエッチング後に除去される

図1　内層パターン形成プロセス説明図

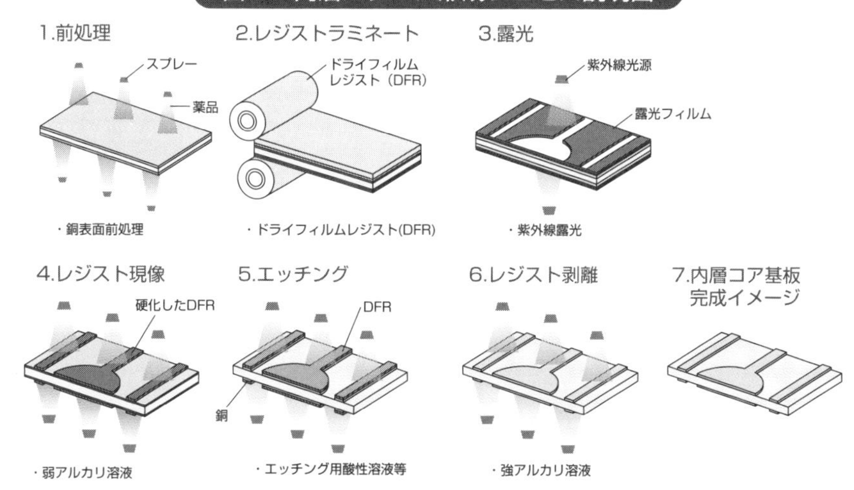

表1　感光性ドライフィルムの主な成分と役割

成分	材料の役割
ポリマ(高分子材料)	フィルム化 現像工程で溶解させる
モノマ(低分子材料)	光重合により硬化する
光開始剤·増感剤	光を吸収して光重合を促進する
発色剤	光で発色し目視認識を容易にする
安定剤	長期保管に寄与する
染料	色を付ける(緑、青、白等)
有機溶剤	上記材料を溶解しワニス化する

表2　プロセス材料(感光性レジスト材料)

分野	配線板用Cu配線層	
形態	フィルム	液状
タイプ	ネガ	ネガ
成膜方法	ラミネータ	スピンコート、スクリーン印刷
ベース樹脂	アクリル樹脂	アクリル樹脂
光反応系	光架橋（ラジカル重合系）	光架橋（ラジカル重合系）
剥離方法	アルカリ溶液	アルカリ溶液
厚さ(液は硬化後)	10〜30μm	5〜30μm
メリット	膜厚均一性	解像度
デメリット	PET異物、剥離性	感度、プロセス性

51 プリント配線板のプロセス材料②

回路形成用と穴あけ用

多層プリント配線板の製造過程では、工程中のみで使用し、残存しないプロセス材料があります。内外層パターン形成工程（図1）での代表的なプロセス材料をまとめます（形成プロセスは50項の図1参照）。

①銅表面前処理：銅張積層板の酸化膜や異物除去およびドライフィルムレジスト（DFR）との接着力を上げるため、表面を機械的に、またはジェットスクラブや薬液により化学研磨を行います。

②感光性レジスト：DFRについては50項参照。

③レジスト現像液：弱アルカリ溶液を用いて、紫外線が当たらず硬化していないDFRを取り除く処理に使用します。

④エッチング液：DFRを硬化させた導体パターン部だけ銅箔を残し、前工程で表面に現われてきた銅箔を除去します。酸性溶液や弱アルカリ性のエッチャント（表1）があり、これを用いて腐食させて銅箔を除去します。

⑤レジスト剥離液：強アルカリ溶液を用いて、不要となったDFRを剥離します。

次に、多層配線板の穴あけ工程で使用される代表的なプロセス材料を示します（図2、図3）。

①エントリーボード：ドリルの食い付きを良くし、バリの発生を抑えるためスタックの上に重ねるボードで、アルミ板、プレスボード等が使われます。

②バックアップボード：ドリルがパネルを突き抜けた時の先端の保護の役割でスタックの下に重ねるボードで、主に紙フェノール積層板が使用されます。

③加工用ドリル：部品挿入穴や接続ビア用などの種類があります。ドリルは、加工穴数に応じて摩耗するので、刃先を再研磨、あるいは交換して使用します。特に、硬質の基板材料や小径サイズの加工では、ドリルの摩耗が激しく、折れにくくて長寿命な、硬さと靭性を兼ね備えた超硬材料を使用したドリルも量産化されています。

要点BOX
- ●プリント基板のプロセス材料には回路形成用と穴あけ用がある
- ●穴あけ加工は複数枚スタックして同時加工処理

図1　内層・外層パターンの作製工程

図2　穴加工の工程

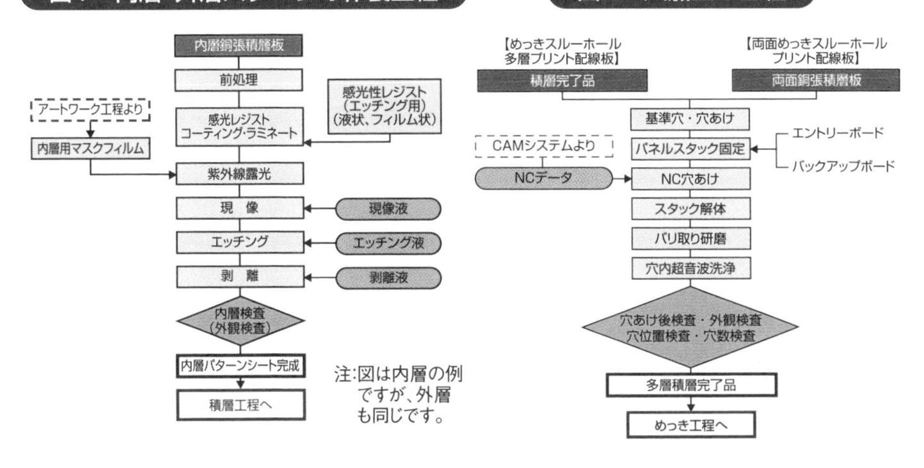

表1　エッチャントの特徴

エッチャント	塩化第二鉄	塩化第二銅	アルカリエッチャント
液性	酸性	酸性	弱アルカリ性
適用	有機レジスト	有機レジスト	メタルレジスト（Sn、はんだ）
液の成分	塩化第二鉄 塩酸 添加剤	塩化第二銅 塩酸 酸化剤（塩素酸塩、過酸化水素）	塩化第二銅 アンモニア 塩化アンモニウム 添加剤（変色防止剤、pH緩衝剤）
エッチングの反応	$2FeCl_3 + Cu$ $\rightarrow 2FeCl_2 + CuCl_2$	$CuCl_2 + Cu \rightarrow 2CuCl$	$Cu + Cu(NH_3)_4Cl_2$ $\rightarrow 2Cu(NH_3)_2Cl$
反応速度管理因子	$FeCl_3$濃度 液比重 塩酸濃度 $CuCl_2$濃度 液温	$CuCl_2$濃度 $CuCl$濃度 液比重 塩酸濃度 液温	Cu濃度 液比重 アンモニア濃度 pH 液温度
再生法	$2FeCl_2 + 2HCl + O$ $\rightarrow 2FeCl_3 + H_2O$	$6CuCl + ClO_3^- + 6HCl$ $\rightarrow 6CuCl_2 + Cl^- + 3H_2O$	$4Cu(NH_3)_2Cl + 4NH_4Cl + 4NH_3 + O_2$ $\rightarrow 4Cu(NH_3)_4Cl_2 + 2H_2O$
	他よりも再生難のため業者引取りでリサイクル	塩素酸塩等酸化剤で再生 電解による再生も可	スプレーでの使用時に空気中の酸素により再生

図3　穴あけ加工するパネルのスタック

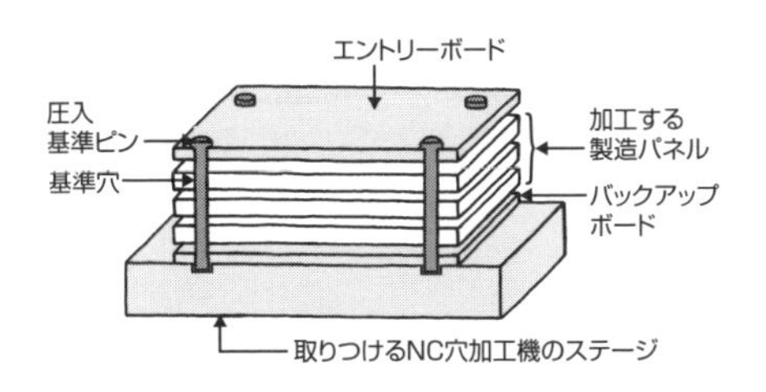

52 セミアディティブプロセスの手法と材料

SAP、MSAPのプロセス材料

27項に書きましたように、適用される基板種および微細度により、セミアディティブプロセス（SAP）および類似のMSAP（Modified SAP）であっても、プロセスに用いられる手法と材料は異なります。その工程で典型的に使われる主な手法とプロセス材料を**表1**に示します。ただし、生産メーカーによっては、品質やコスト改善のため、これ以外のものが使われる主な手法と場合もあります。

図1に示したビルドアップ基板では、熱硬化性樹脂フィルムを絶縁層として用いますが、このフィルムはPETフィルムに挟まれており、それを剥がしてラミネートします。レーザで穴あけし、回路密着性と穴内クリーニングのためデスミア処理を行い、無電解銅めっきで表面を導電化します。そして、ドライフィルムレジストコーティングし、それを露光・現像してパターン形成します。フォトマスクを介するか、直描方式で露光し、現像にはアルカリ性水溶液が使われます。そして、電解パターンめっき、レジスト剥離、フラッシュ（クイック）エッチと進みます。それぞれ、電解銅めっき液、レジスト剥離液、フラッシュエッチング液が適用されます。フラッシュエッチング液は、無電解銅めっきのアンダーカットを抑制可能なものが開発されています。

MSAPでは、熱硬化性樹脂フィルムではなく、キャリア付き極薄銅箔を積層します。キャリア箔を剥離して後続の工程を進めますが、用いられるプロセス材料はビルドアップ基板のものと概ね同様です。

高微細度の半導体パッケージ基板では、半導体製造プロセス由来の工程、プロセス材料が使われます。スピンコートによる感光性樹脂層形成、スパッタによる密着層やシード層形成、プラズマによるクリーニングやスパッタ層除去など、SAPとは言えビルドアップ基板とは異なる設備、材料が用いられますので、新たな投資・技術が必要となります。

要点BOX

●同じSAPでもビルドアップ基板と高精細パッケージ基板とでは設備や材料が異なる

表1　MSAP, SAPにおける主な手法とプロセス材料

工程	MSAP	SAP ビルドアップ基板	SAP 半導体パッケージ基板
絶縁層	プリント配線板用絶縁樹脂を積層プレス 鏡板	熱硬化性樹脂フィルムをラミネート PETフィルム	液状感光性樹脂をコーティング（スピンまたはスプレーコート） ディスペンサなど
銅箔貼合せ	キャリア付極薄銅箔⇒キャリア剥がし キャリア箔	なし	
穴あけ	レーザ 銅箔>3μmの場合黒化処理	レーザ PETフィルム残存のままの場合あり	露光　フォトマスク 現像　現像液
クリーニング・密着手法	デスミア（穴内） デスミア液	デスミア（穴内+表層粗化） デスミア液	プラズマクリーニング 密着層スパッタ　Tiターゲット等
シード層	無電解銅めっき 前処理～無電解銅めっき液		Cuスパッタ Cuターゲット等
パターン形成（微細度）	感光性レジストコート⇒露光⇒現像 ドライフィルムレジスト等 フォトマスク　直描の場合は不要 アルカリ性現像液		感光性レジストコート⇒露光⇒現像 感光性レジスト フォトマスク アルカリ性現像液
	ライン／スペース>15／15μm	ライン／スペース>5／5μm	ライン／スペース>1／1μm
パターンめっき	電解銅めっき（ビアフィリング） 電解銅めっき液		
レジスト剥離	アルカリ性水溶液 剥離液　レジスト材料により液は異なる		
シード層剥離	無電解銅めっきをウェットエッチング フラッシュエッチング液		Cuスパッタをウェットエッチ エッチング液 またはドライエッチング
密着層剥離	なし		Tiスパッタをウェットエッチ エッチング液 またはドライエッチング

プロセス材料を赤字で示す。
参考資料:トコトンやさしいプリント配線板の本（第2版）、トコトンやさしい半導体パッケージ実装と高密度実装の本

図1　FC-BGA（ビルドアップ基板）製造に適用されるセミアディティブプロセス（SAP）

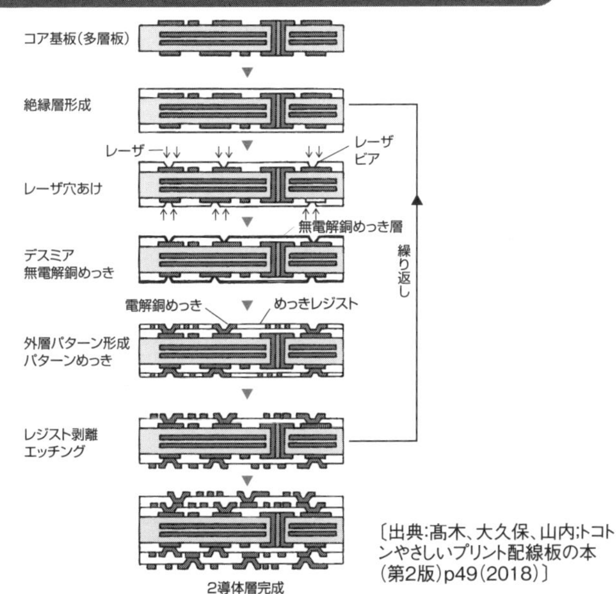

〔出典:髙木、大久保、山内;トコトンやさしいプリント配線板の本（第2版）p49（2018）〕

53 チップ実装用接続・接合材料

主な半導体チップの実装には、3項で示しましたように、ワイヤボンディング（WB）とフリップチップ（FC）工法があります。FCには、金バンプを金めっき面に圧力をかけて接合する圧接方式と、はんだを用いて接合するろう接方式があります。それぞれの代表的なテクノロジーを表1にまとめました。

WB工法は、チップの裏面をパッケージ基板に、ダイペーストでダイボンディングし、回路面を上面にして、チップの接続パッドとパッケージ側接続パッドをワイヤで接続するものです。接合位置指定が直前にできるため、前工程での位置ずれの影響が小さく自由度が高く、また接合部のストレスをワイヤが吸収して小さいことが利点ですが、チップよりも外側に基板の接続部を設ける必要があります。

FC工法の圧接工法の絶縁接着は、チップ面とパッケージ基板との間に端子接続補強材として絶縁性アンダーフィル（NCFやNCP）を塗布して接合し、これが硬化するときの収縮応力でチップと基板の端子間接続を行います。等方性接着では、銀ペーストで接続安定性を向上させます。異方性導電接着（ACFやACP）では、高荷重で添加された導電性フィラー材を端子に食い込ませて導通させます。

ろう接方式は、表面実装部品にも使われるはんだ接合であり、環境問題から鉛フリーはんだの使用が主流となっています。使用環境や基板等の耐熱仕様に応じて最適な温度となるはんだ材料を選択可能です。（5項表1参照）

また、FC工法においては、アンダーフィルを先に塗布してから実装する方式（先入れ）の方が狭ピッチにおいてボイド発生が抑制できる点では有利です。しかし、ろう接方式ではんだを用いる場合は、アンダーフィルにはんだ表面の酸化皮膜除去性能（フラックス性）などの特性付与が必要です。

チップ実装工程とアンダーフィル材

要点BOX
- ●フリップチップではアンダーフィルで補強する
- ●アンダーフィルには先入れと後入れタイプがある

表1. 代表的なチップ実装工法比較表（一般的なプロセス比較）

大分類	テクノロジー	模式図	チップ端子	パッケージ側パッド	導電材料	補強材	プロセス荷重	材料コスト	特徴
WB工法	ワイヤボンディング	モールド 半導体チップ パッケージ基板	Alパッド Auめっき	Alパッド Auめっき Agめっき	Au/Al/Cuワイヤ	モールド補強(後入れ)	低荷重	部品固定用樹脂、金ワイヤ、モールド等使用材料が多いが、比較的安価	·接合位置指定が直前にでき自由度高い。 ·接合部のストレス小さい
FC工法圧着	絶縁接着	Auピラー 接触 Auめっき	Auバンプ	Auめっき	なし	絶縁性UF(先入れ)	高荷重	Au端子使用のため相対的に高価	·NCP(絶縁性UF)を塗布し、その硬化収縮で接続を保持 ·高温、高荷重でAu-Au固相拡散させるプロセスもあり。
	等方性接着	Agペースト			Agペースト	絶縁性UF(後入れ)	低荷重		Agペーストを加え接続安定性を向上させた工法
	異方性接着	導電性粒子			ACP or ACF;導電性フィラー 添加異方性UF(先入れ)		高荷重		ACP(導電性フィラー添加NCP)内のフィラー材を端子に食い込ませて導通
	超音波	超音波 Auスタッドバンプ			なし	絶縁性(先入れ)	高荷重		·超音波でAu-Au固相拡散を促進 ·プロセス温度が低くできるが許容サイズが小さい
FC工法ろう接	鉛フリーはんだ/低温·高温はんだ接合	はんだ	55項表1参照		はんだボール、はんだペースト	絶縁性(後入れ)	低荷重	はんだ端子+UFのため相対的に安価	·接合温度ははんだ組成に依存。 ·幅広いサイズに対応可能

54 半導体のプロセス材料

半導体と基板のプロセス材料の比較

図1は半導体製造工程の簡略図です。半導体の製造プロセスでも、最終的に製品に残らない「プロセス材料」が数多く使用されます。円形の半導体ウエハを扱う設備と使用されるプロセス材料の代表的なものを**表1**に示します。

半導体プロセスでも、導体、絶縁体、半導体のパターン形成のため、薄膜生成、フォトレジスト塗布、露光・現像、エッチング、レジスト剥離・洗浄というフォトリソグラフィの手法が使われます。実装基板では、エッチング液やめっき液を用いたウェットプロセスで金属導体回路を形成することが主ですが、半導体プロセスでは、真空系設備によるドライプロセスが主で、エッチングや成膜はシリコン化合物層（絶縁、半導体層）に対しても適用されます。ウェットプロセスは生産性が高く、ウエハ全体を一括処理する場合に適宜使用されます。

フォトリソグラフィでは、感光性レジスト（通常ポジ型）をウエハ上にスピンコートで塗布し、ステッパ露光機でフォトマスクを介して露光し、アルカリ性溶液（TMAH）で現像、その後洗浄します。現像、洗浄は回転ステージ上にウエハを載せて行います。要求される微細度等で露光機、レジストの材料や膜厚などの条件も選択されます。

ドライエッチングは深さ方向への異方性が強いため、半導体の微細加工に向いています。ドライエッチング用ガスが、ウエハ表面で印加電圧により発生したプラズマの作用でシリコン化合物と反応し、レジストで被覆されない部位がエッチングされます。

CMPは、化学薬品と砥粒を含むスラリーで化学的作用と機械的作用を用いながらウエハ表面を研磨し平坦化するものです。前工程のプロセスでは、下層の凹凸の影響で積層した上層の露光、パターン形成に支障が生じるのを防ぐために適用します。銅配線形成のためのダマシンプロセスでも使われます。

要点BOX
- 実装基板と異なり、半導体ではドライプロセスが主流
- ウエハ表面を研磨し平坦化するCMP技術

図1　半導体製造工程の概略(再掲)

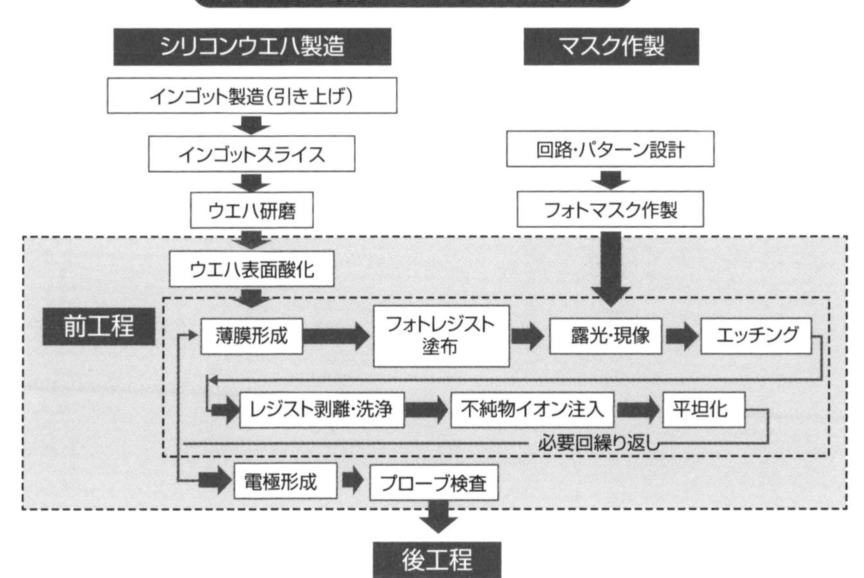

表　半導体製造に用いられる主なプロセス材料

工程		代表的設備	代表的材料		主なプロセス材料
			導電材	絶縁体ほか	
出発材料			シリコンウエハ		
前工程	ウエハ表面酸化	加熱炉		シリコン酸化膜	
	薄膜形成	PVD(スパッタ、蒸着) CVD、ALD	Al、Cu 他 スパッタリング用ターゲット CVDケミカル	Si化合物(酸化物、窒化物、ポリシリコン)他 CVD用Si含有ケミカル	
	フォトレジスト塗布	スピンコータ			感光性レジスト
	露光・現像	露光機(ステッパ) 現像機			フォトマスク 現像液
	エッチング	ドライエッチャー			エッチング用ガス
	レジスト剥離・洗浄	(ドライ)プラズマアッシャー (ウェット)ウェット剥離機 洗浄機			(ドライ)プラズマ用ガス (ウェット)レジスト剥離液
	不純物イオン注入	イオン注入装置			イオン源ガス
	平坦化	CMP			CMPスラリー

PVD：Physical Vapor Deposition　CVD：Chemical Vapor Deposition　ALD：Atomic Layer Deposition
CMP：Chemical Mechanical Polishing(化学機械研磨)

55 最終表面処理

はんだ接合のための高信頼性表面処理

チップ、インターポーザの接合で使われている最終表面処理の方法は、電解Ni／Auめっき、電解Snめっき、電解はんだめっき、無電解Ni／Auめっき、置換Snめっき、OSP等、いろいろあります。さらに微細な接合には、近年ハイブリッドボンディング(57項)が用いられます。

ここでは、はんだを用いた実装に適用される手法について紹介します。

表1に主な最終表面処理法をまとめています。これらの表面処理の目的は、端子の表面にはんだが①被覆(濡れ)し、②接合し、③使用環境で接合の劣化が起こりにくくすることです。いくつかの表面処理方法が使い分けられますが、その観点は、耐熱性(何回のリフローではんだ濡れ性低下)、接合性(外力や経時変化で接合が破断しにくい)、および表面処理工程の簡易さ、コスト、実績などです。

実績ある表面処理としては、OSP、置換スズめっき、無電解Ni／Auおよび無電解Ni／Pd／Auめっきなどが挙げられます。

無電解Ni／Auめっきは銅上に還元型無電解Niめっき、その上に置換Auめっきを行うもので、Auがはんだに濡れ、Niが銅の表面拡散のバリアになるので耐熱性に優れます。通常、Niは還元剤成分の共析でNi-P合金として析出します。はんだ接合信頼性を重視する場合は、Niめっき上に無電解Pdめっきを行い、それに置換Auめっきを行ってNi／Pd／Auめっきとします。**図1**のように、工程は長くコストは高くなりますが、ハイエンド向けのニーズは高いです。

図2は、6種の無電解Niめっきに対して無電解Ni／Au、Ni／Pd／Auめっきを適用し、はんだ接合信頼性を比較した実験例です。鉛フリーはんだ接合して行った破壊試験で、無電解Ni／Pd／Auめっきの方が高破断強度で、はんだ内破壊の比率が高く、接合信頼性が高いことがわかります。

要点BOX
- 最終表面処理は耐熱性、接合性、コストなどでめっき処理を使い分ける
- 無電解Ni/Pd/Auめっきは高接合信頼性

表1　はんだ接合用最終表面処理の種類

部材	目的		表面処理方式
	用途	実装方式	
半導体チップ	チップ／インターポーザ実装	マスリフロー	Cuポスト上に 電解Sn(またははんだ) 電解Ni/Au OSP+はんだ
		TCB Thermal Compression Bonding	UBM(無電解Ni置換Au) 電解めっきAuバンプ 電解めっきはんだバンプ　など
インターポーザ	チップ／インターポーザ実装	フリップチップ (はんだ)	無電解Ni/置換Au 無電解Ni/Pd/置換Au OSP+はんだバンプ(プリコート) 置換Sn　　　　など 接続用Cu突起電極形成の場合もあり
	基板への実装	はんだリフロー	無電解Ni/置換Au 無電解Ni/Pd/置換Au 電解Ni/Au 置換Sn OSP　　　　など
ファンアウトパッケージ、モジュール、チップ部品など	基板への実装	はんだリフロー	無電解Ni/置換Au 無電解Ni/Pd/置換Au 電解Ni/Au 置換Sn OSP　　　　など

〔出典:髙木、大久保、山内、長谷川　トコトンやさしい半導体パッケージ実装と高密度実装の本　p129　表1を編集〕
OSP(Organic Solderability Preservatives)の参考文献:　栗田,横江,平尾;表面技術　Vol.62,　No.9　429(2011)
置換Snめっきの参考文献:　山村岳史;　表面技術　Vol.66,　No.10　443(2015)

図1　無電解Ni/AuおよびNi/Pd/Auめっきの工程

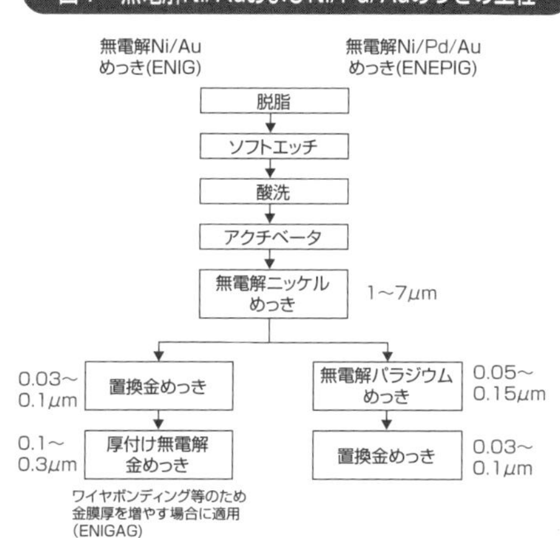

図2　無電解Ni/AuとNi/Pd/Auのはんだ接合信頼性比較

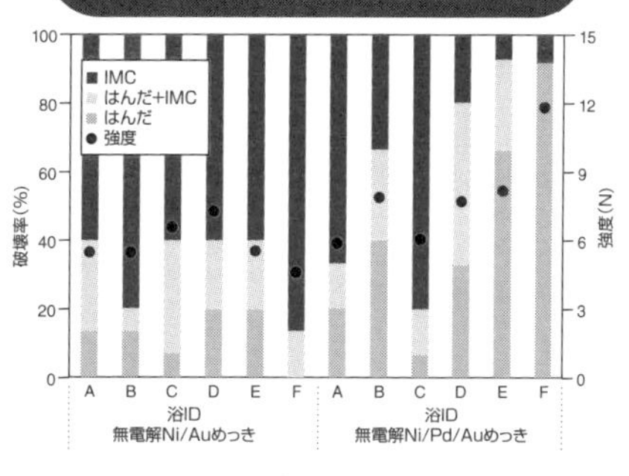

・ここでは6種の無電解Niめっきに、Auめっきまたは、Pd/Auめっきを施して実験。
・めっきしたパッドにSn-3Ag-0.5Cuはんだを接合し、高速シェアで破断試験を実施。
・はんだとめっきの接合性は、接合部の破壊試験における破断の強度と破壊モードで調べ、高強度で、はんだ内破壊(IMC破壊でない)であることが望ましい。
(IMC;金属間化合物　はんだとめっきの金属成分が界面で反応し生成する化合物で、成分により比較的脆くなる)
・無電解Ni/Pd/Auめっきの方が、破断強度が高く、はんだ内破壊の比率が高く、接合信頼性が高い。

〔出典:土田、大久保、狩野、荘司;表面技術,vol.63, No.4,233-238 (2012)〕

56 排出物の処理と回収

リサイクルへの取り組み

⑭項のように、ESG経営の思想が広がる中、生産活動では工程から排出する使用済の材料（廃棄物等）をできるだけ少なくし、可能なものは回収し、外部への放出を減らすことがいっそう求められています。また、工場の従事者への健康影響がない管理体制なども必要で、企業活動ではコストを勘案しながらも、ESG思想の重要性はさらに高まっています。ここでは、そのような昨今の事例を示します。

①有価金属の回収・リサイクル：電子業界では、大量の有価金属を使用します。**図1**は、金、銀、銅の国内での用途とリサイクル率を示しています。いずれも、半分程度が電気業界で使用され、20〜40数％がリサイクルされています。このリサイクル分は、多くが工場から出てくる「くず」やプロセス材料に含まれるものであり、使用済の電子機器として市場に拡散したものを収集した（いわゆる都市鉱山）分に限定されません。したがって、生産工程での回収率を改善、再利用することでコスト削減も可能です。**図2**のような貴金属めっき事業者とリサイクル企業の間の受け渡し体制で効率化ができます。

②工場排液の処理：工場からの放出ゼロを目指し、工場内で有機物などの塩を含む液をリサイクル水として再利用する動きがあります。**図3**は、その処理フローの例であり、複数段階の工程を経ることで、金属成分だけではなくCOD値なども低下できます。

③無電解銅めっきのホルマリンへの懸念：プリント配線板の製造に長年使われてきた無電解銅めっき液には還元剤としてホルマリンが含まれますが、これは2008年より1％超の濃度で特化則の特定第2類物質となり規制強化されました。無電解銅めっき液自体は低濃度なので該当しませんが、この液は空気撹拌が必須でホルマリンは揮発性が高いため、管理濃度が0.1ppm以下となるよう局部排気を行い、作業環境中に拡散しないような注意が必要です。

要点BOX
- ●生産工程からのプロセス材料もリサイクル
- ●回収率の改善とリサイクル体制の効率化が必要

図1　金、銀、銅の用途とリサイクル率

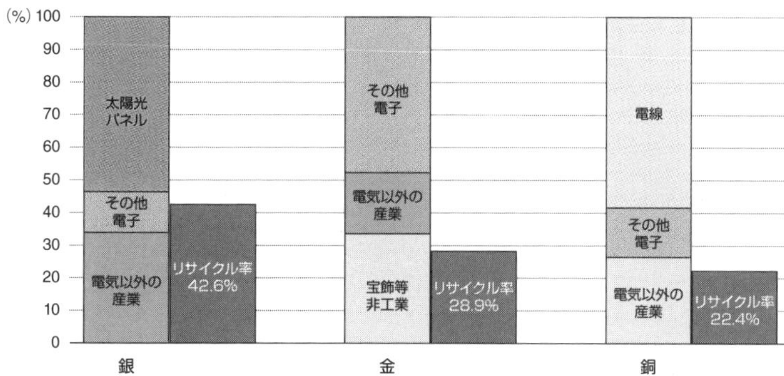

（日本鉱業協会 需給実績データ（2019年度）より）〔出典：原田幸明；表面技術、vol.73,No.6,P266（2022）〕

図2　加工業者とリサイクル企業間の貴金属循環の流れ

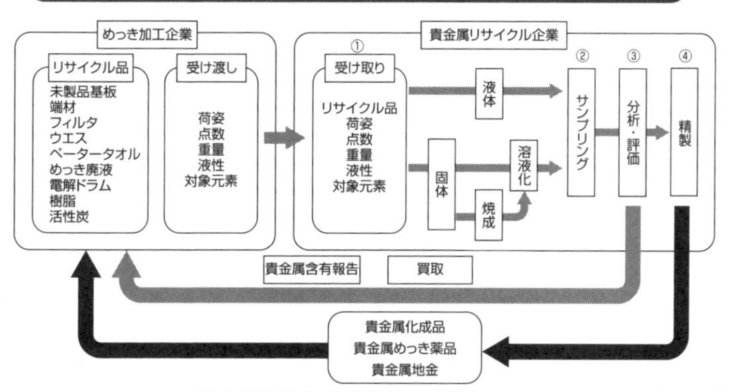

〔出典：羽田航太、竹内雅春；表面技術、vol.73, No.6 p288（2022）〕

図3　有機物を含む酸アルカリ系排水の再利用装置フローシート

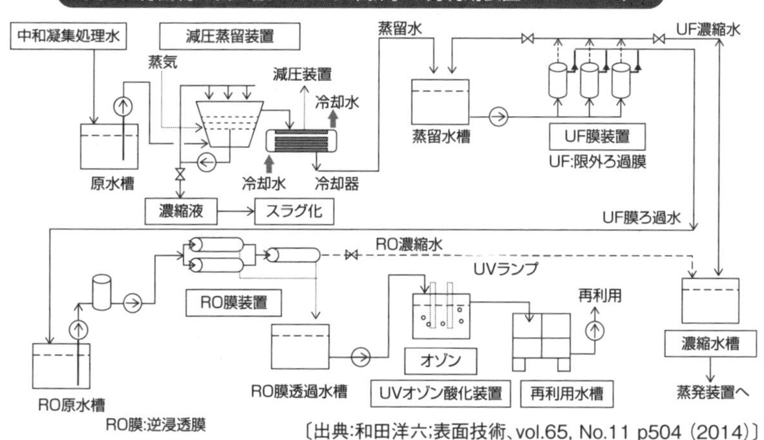

〔出典：和田洋六；表面技術、vol.65, No.11 p504（2014）〕

Column

選択と集中？

バブル期以降、ビジネス上「選択と集中」なるお題目がよく聞かれました。「選択と集中」は、本来コア事業を残して集中し、それ以外の事業を売却・廃止するというゼネラルエレクトリック（GE）社のウェルチCEOが1990年代に行った施策で、その後多くの機関が（行政を含め日本でも）真似したものです。当時のGEでは経営立直し手段として行われたものですが、全体としては「選択と集中」ありきで、必要はあるがコアではない事業、例えばプリント配線板事業などを切るようなことも行われたように思われます。

書籍「科学立国の危機　失速する日本の研究力」（豊田長康著　東洋経済新報社　2019年）では、大学の研究力が低下し、学術論文が出なくなっている理由をいろいろなデータで解析し、「選択と集中」政策がうまく行かなかったとの見解を出しています。この本は元来、国立大学の研究費を特定の大学に「選択と集中」させた政策により、日本の論文数が減っている状況を説明したものですが、この本から「選択と集中」の注意すべき点を挙げてみます。

・生産性の高い事業を切る：コアではないが、高生産性の事業を切ると損失が非常に大きくなる。

・選択事業と関連する小事業も切られるリスク：単純思考で「選択」を行うと、切られた事業の影響で残ったコア事業の業績も低下のリスクがある。

・多様性の縮小：成長のもととなるイノベーションを生むには多様な研究の種を蒔くことが不可欠。（筆者補足：通常、コアに関連する研究内容に限定されがち。）

・大規模機関での施策　「選択と集中」は大企業での経営手段の一つ。中小企業では元々「選択と集中」を行っている。

「選択と集中」は、「選択」したものが外れたら当然失敗のリスクがあります。さらに当たる「選択」でも「集中」の仕方が下手ならこれも失敗になります。実装分野ではどうだったでしょうか。プリント配線板は、大企業では直接手掛けなくなり、専業メーカーや海外へ移行されました。付加価値の高い半導体パッケージはまだ国内で生産されています。しかし、半導体の生産が海外にシフトしたため、ファンアウトパッケージやシステムインパッケージは海外で生産されています。「選択と集中」すべきは、BGA製造技術の牙城を守り、成長させることでしょう。

第 7 章

新しいプロセスと材料

57 ハイブリッドボンディング

半導体の微細電極同士を拡散接合

ハイブリッドボンディングは、シリコン半導体の微細電極を接合する技術です。図1のようにシリコン半導体に形成された非常に微細な銅接合部同士を、SiO_2絶縁部と一挙に接合するものです。ハイブリッド接合は、CMP等で極めて平坦化した表面の接合部同士を位置合わせし、低温で接合するとSiO_2部が最初に拡散し、その状態で加熱して熱膨張率大のCuを膨張させ、銅同士を拡散接合するという原理です。シリコン同士なので熱膨張率差による接合時の位置ずれがなく、またはんだ接合のような接合パッドを設ける必要がないため、10㎛未満の微小ピッチ接合では主要な手法になると考えられています。接合面の㎚レベルの平坦化と清浄化が非常に重要です。銅のないSiO_2面同士を接合する場合は直接接合と言います。

ハイブリッド接合は、ソニーが2016年にロジック半導体と積層したC-S（C-MOSイメージセンサ）の開発に適用したことを発表し、それが実用化されたことで大きく注目されました。図2は、積層C-Sの構造を示したもので、Cu電極のサイズは3㎛、ピッチ6〜14㎛程度です。その後、同社はメモリ（DRAM）を加えた3層積層C-S（図3）を開発しました。これはTSVを用いて導電層間接続を行う構造です。ただし、この構造のシリコン層間の接合は、ハイブリッド接合でなくSiO_2の直接接合です。

ハイブリッド接合は、微小ピッチ半導体電極接続の重要技術と考えられ、これを適用したチップレット技術が各社から発表されています。接合部ピッチを小さくできるため、単位面積あたりの接合部密度を大きくできるだけでなく、接合ランドが不要になることによって、配線密度を大きく増大させることが可能です。図4はCoWoS構造で1つのチップを、ハイブリッド接合で組み立てた3つのチップレットで置き換えた、SoICと呼ばれる構造です。

要点BOX
- ハイブリッドボンディングは、微小ピッチ接合の重要技術でチップレットにも最適
- 接合面の平坦化と清浄化が重要

図1　ハイブリッドボンディングのコンセプト

CMPで生じるディッシング＜4nmでないと
Cu-Cu接合ができないと言われている

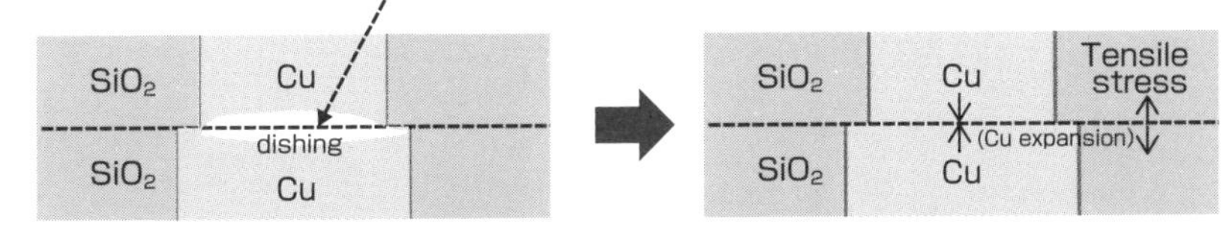

極めて平坦化した表面同士の接合部を位置合わせして低温で接合。SiO_2部が最初に拡散する

加熱すると、熱膨張率大のCuが大きく膨張して銅同士で拡散接合する

〔出典:西田秀行;エレクトロニクス実装学会誌　Vol. 23 No. 7(2020)　P562〕

図2　ハイブリッドボンディングを適用した2層CIS(CMOSイメージセンサ)

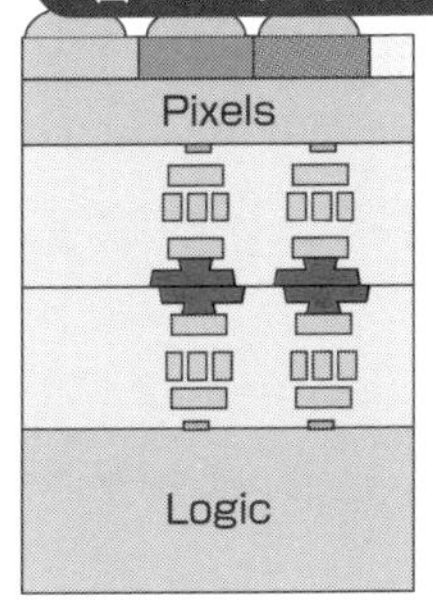

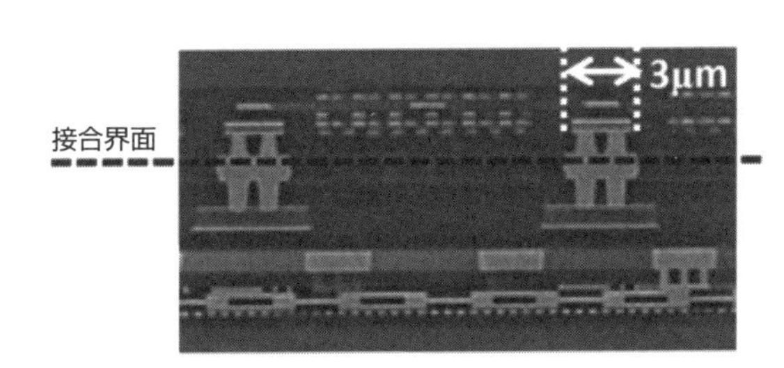

画素（Pixels)付き半導体とロジック半導体をハイブリッドボンディングで積層

〔出典:福島誉史;エレクトロニクス実装学会誌 Vol. 25 No. 7(2022) P700〕

図3　シリコン直接接合とTSVを用いて形成した3層CIS

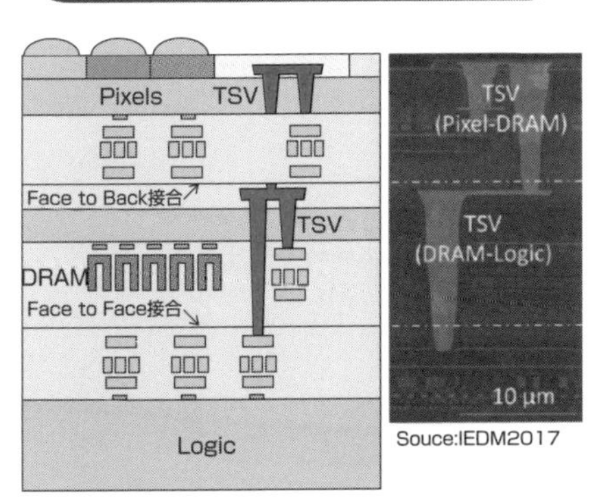

〔出典:福島誉史　エレクトロニクス実装学会誌 Vol. 25 No. 7(2022) P700〕

図4　SoIC(System on Integrated Chip)を用いたCoWoS構造

下層のSoCは、TSVを設けインターポーザと接続

この間をハイブリッドボンディングで接合

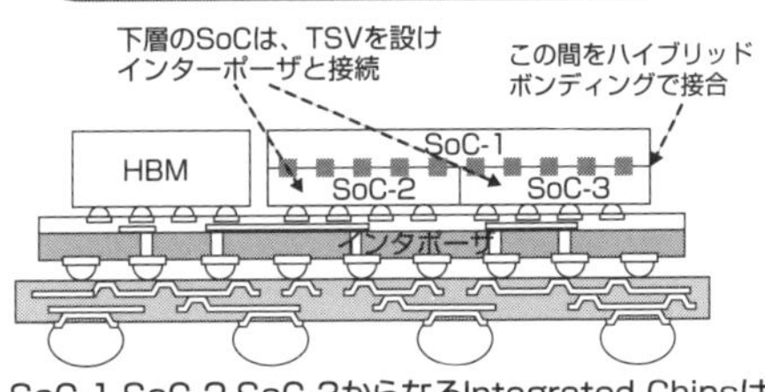

SoC-1,SoC-2,SoC-3からなるIntegrated Chipsは分割化されたチップをハイブリッド接合でチップレット化した構造

〔出典:西田秀行;エレクトロニクス実装学会誌 Vol. 23 No. 7(2020)　P566〕

58 ビア接続のめっき代替プロセス

一括積層法(F-ALCS工法)

多層プリント配線板を製造するプロセスにおいて、ビア形成でめっき法に代わって導電性ペーストを用いる方法があります。この技術では、全層ＩＶＨ(Interstitial Via Holes)を構成でき、大幅な配線収容を要求される半導体テスト用プローブカード基板等に採用されています。多様な一括積層方式がありますが、ここではF-ＡＬＣＳ技術について説明します。

図1に一般的なＩＶＨ基板とF-ＡＬＣＳ技術でのプロセス比較を示します。一般的なＩＶＨ基板では、図のように内層の配線形成から始まり、大まかなプロセスは10工程になります。これに対しF-ＡＬＣＳ工法では、内層を構成する各層を中間層として並行して配線形成します。その後にレーザ穴あけを行い、導電ペーストを印刷してＩＶＨとします。全ての層が完成した時点で、一括積層を行います。この方法では、全部の層を一括で積層することで、一体化とビア接続が同時に完了します。プロセス数は一般的なＩＶＨ基板に対して約50％削減できます。**図2**にそのプロセスのイメージを示しました。このビア形成プロセスは、ペースト充填後の加熱で金属間結合が実現され、めっき銅に近い導通抵抗となる利点があります。めっき工程を導電ペースト印刷工程に置き換えたことにより、めっき液などの廃液処理が不要なほか、CO_2排出量削減など環境に配慮したプロセスが可能になります。**図3**に実基板の断面イメージを示します。

この技術は、高密度な多層配線板技術として期待されています。なお、この方法では、一般的なＦＲ４材料への適用が可能ですが、さらなるＩＶＨの微小化、配線の細線化要求に向けて、めっき法ビルドアップと組み合わせたプロセスの量産適用や、次世代に向けた低損失・低ＣＴＥに対応したガラス基材への適用が発表されています。

要点BOX

●導電ペーストでビア形成して全層IVHに対応
●F-ALCSは全部の層を一括成形することで、一体化とビア接続が同時にできる

図1　F−ALCS技術のプロセスと一般プロセス比較

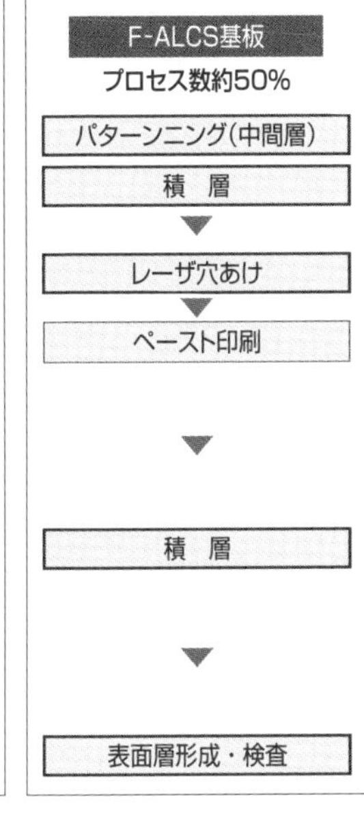

一般IVH基板 プロセス10ステップ	F-ALCS基板 プロセス数約50%
パターンニング（中間層）	パターンニング（中間層）
積　層	積　層
穴あけ	レーザ穴あけ
めっき	ペースト印刷
穴埋め	
パターンニング（半完表面層）	
積　層	積　層
穴あけ	
めっき	
表面層形成・検査	表面層形成・検査

図2　F-ALCS技術のプロセス

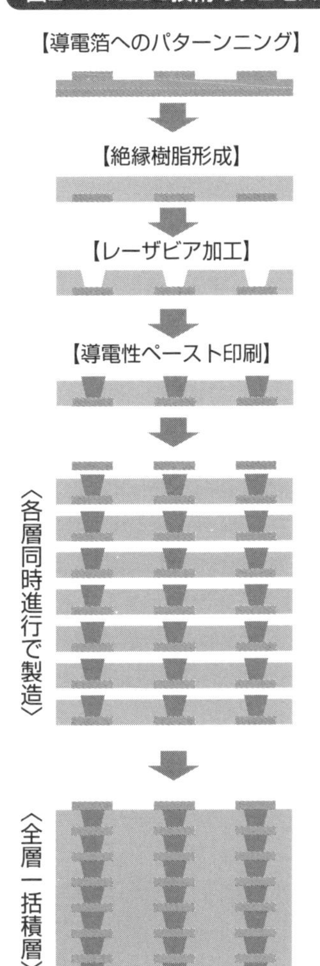

図3　F-ALCS技術適用基板の断面イメージ

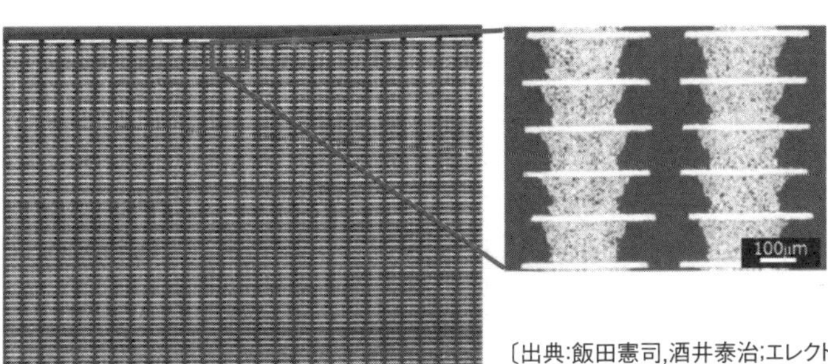

〔出典:飯田憲司,酒井泰治;エレクトロニクス実装学会誌,
Vol.25,No.3,pp.188,Fig4（2022）〕

59 ブリッジ用インターポーザ

大規模集積モジュール向けパッケージ基板構造

半導体チップ機能の向上は、プロセスの微細化で実現されてきましたが、最先端プロセスではムーアの法則と言われる縮小傾向が維持できなくなりました。製造コストもこれまで以上に高額となり、回路の大規模化・多様化により、単一半導体プロセスから、複数チップを単一の半導体パッケージに実装するシステムインパッケージ（SiP）技術が生まれ、様々なマルチチップ実装技術が提案されています。これらの技術は、いずれも、大型有機基板での対応としては、チップ間接続信号数を絞ったシリアル方式が高性能化に向いています。比較的狭ピッチかつ多ピンのRDL（再配線層）微細基板の作製には、RDLプロセスが必要で、プリント配線板メーカーというよりも、半導体ファウンドリやOSAT企業により、InFO-oS、CoWoS（TSMC）、FOCoS（ASE）などの名称で実用化されています。

一方、高速・低電力化のためのパラレル方式によるワイドバンド信号処理では、より一層の狭ピッチ、多ピン化が必要です。大型基板をシリコン材料で製造すると基板コストが高額という欠点があり、低価格化のため、インターポーザ全体ではなく、必要な部分にブリッジ用インターポーザを設ける技術が開発されています。元々はビルドアップ基板にブリッジを埋め込んだEMIB（Embedded Multi-die Interconnect Bridge）（図1写真左）より開発が始まった技術ですが、RDLに埋め込んだタイプ（図1写真右）の「EFB」「CoWoS-L」、また「Suspended-Bridge」と呼ばれるRDL配線に埋め込まないタイプも発表されています。RDL基板は微細配線での大型化が難しく、大規模な集積では、局所的に配置された高密度配線を用いるこの技術はメリットが大きいです（図2）。

要点BOX

- ●ブリッジ用インターポーザは、基板の必要な部分にチップ接続微細インターポーザを設ける
- ●様々なタイプの実用化が進んでいる

図1　RDLインターポーザの課題

RDL Interposerの課題
✓ 微細＆多層RDL、小径ビア
✓ 信頼性
✓ 低損失（Low-Dk/Df）
✓ 大面積化（パネル）
全て同時に成り立たせることが困難

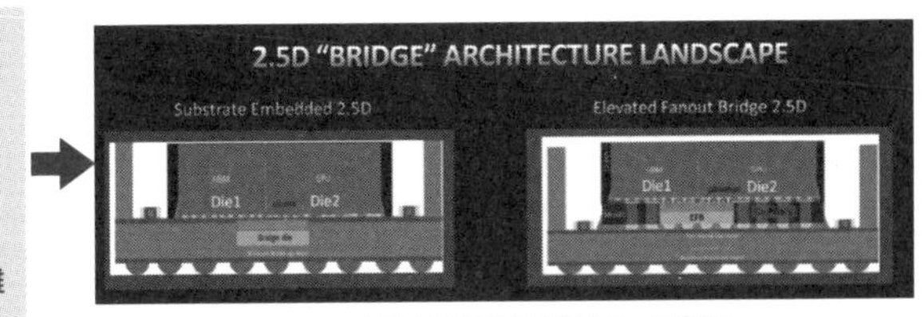

ローカルな高性能配線ブリッジ構造

〔出典:システムインテグレーション実装技術委員会;エレクトロニクス実装学会誌,Vol.26,No.1,pp.53,図8より(2023)〕

図2　RDLインターポーザとブリッジ用インターポーザ方式の比較

RDLインターポーザ

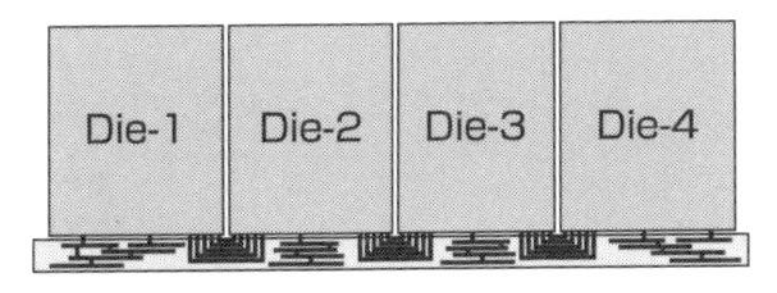

2.xD　Interposer

長所
✓ シンプルな製造プロセス

短所
✓ 大面積で微細な配線形成
　→大面積製造、モジュールサイズ拡大困難
✓ チップレットから外部へは微細配線経由
　→電源インピーダンス大、高周波信号伝送帯域制限

Bridge

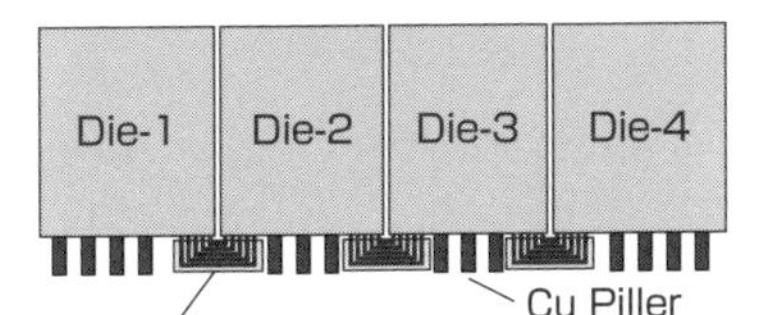

長所
✓ 最適化された配線構造
✓ 大面積での製造（パネル化）
✓ 大規模集積モジュール
✓ ブリッジ集積配線／素子の多様化

短所
✓ 複雑な製造プロセス

〔出典:システムインテグレーション実装技術委員会;エレクトロニクス実装学会誌,Vol.26,No.1,pp.53,図9より(2023)〕

InFO-oS（Integrated Fan-out on Substrage）
CoWoS（Chip on Wafer on Substrate）
FOCoS（Fan-Out Chip on Substrate）
CoWoS-L（CoWoS Local Silicon Interconnect+RDL interposer）

60 キャパシタ内蔵基板

TFC内蔵基板、ディープトレンチ型キャパシタ

デバイスの高周波化に伴なう電源安定化対策として、多層マザーボードでは、V－G層間に高誘電体キャパシタ層を設ける例(図1)があります。これは、先端素子での駆動電圧が年々低くなり、電源動作マージンが減少し、電源変動の抑制が高周波での性能向上や安定動作への課題となっていることへの対策です。HPC(ハイパフォーマンスコンピューティング)向けプリント配線板では、半導体チップの直近にデカップリングコンデンサを配置することが安定動作に効果的で、チップキャパシタ部品をパッケージ基板の表裏面に実装する例があります。しかし、半導体チップとチップ部品間の配線による寄生インダクタンスにより、高周波帯域では電源インピーダンスが低減せず、抑制効果が限定的でした。超高周波領域での電源安定化には、よりチップ近傍となる半導体パッケージ基板内へのキャパシタ内蔵が有効です。大型・高多層化の傾向があるハイエンドロジック半導体向け有機パッケージ基板では、図2に外観や断面写真を示すように、基板内に薄膜キャパシタ(TFC)を内蔵することで寄生インダクタンスを最小化し、高周波安定動作の実用例が報告されています。このTFCは厚さが1㎛以下のチタン酸バリウムの高誘電体層と、その両面にニッケルと銅の導体層からなる薄膜フィルムで、単位面積当たりの静電容量は約1μF／㎠あります。

パッケージ基板内にSiインターポーザを採用した高周波パッケージでは、Si基板にディープトレンチ型シリコンキャパシタ(図3)を内蔵した実用例も報告されています。一般的な高誘電率系キャパシタでは高温で静電容量が低下しますが、250℃近傍までの温度変化による静電容量の変化が非常に小さいため、高周波向けだけではなく、高耐環境性、高信頼性が必須な車載用センサ、通信、医療機器などの用途にも、このキャパシタが採用されています。

要点BOX
- ●半導体パッケージ基板内に薄膜キャパシタ(TFC)を内蔵する技術
- ●Siディープトレンチキャパシタは高温まで安定

図1　マザーボードへのキャパシタ内蔵

IC Package
VRM
I_T
C_{VRM}
C_{in}
BC Cores
GND
PWD
PWD
GND

BC™ラミネートの一般的な配線とプリント回路の断面図

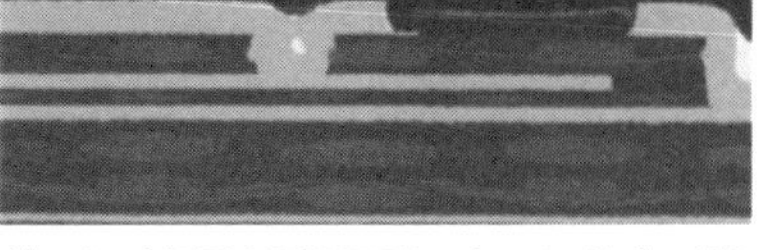

グラウンド2層と電源3層にブラインドビアがある50μm厚みのFR4誘導体を使用したZBC-1000™の断面観察

〔出典:N.Biunno,G.Schroeder,表面技術;Vol.55,No.2,p.120(2004)〕

図2　TFC基板内蔵写真

(a)基板外観

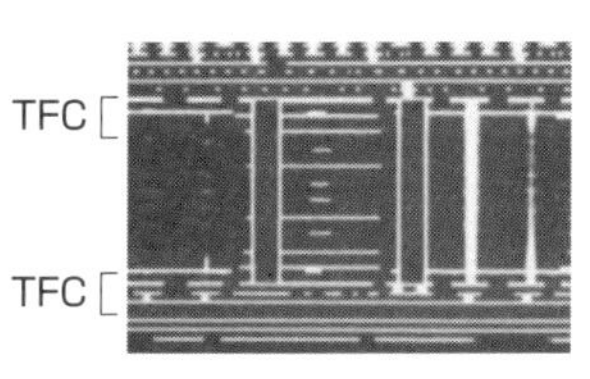

(b)基板断面

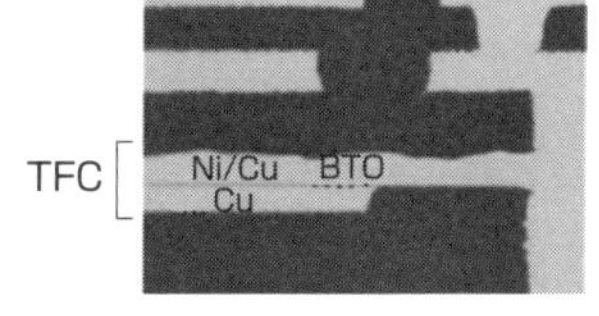

(c)基板断面(TFC層拡大)

〔出典:赤星知幸;第33回エレクトロニクス実装学会春季講演大会,12D2-03,図1(2019)〕

図3　ディープトレンチキャパシタ構造例

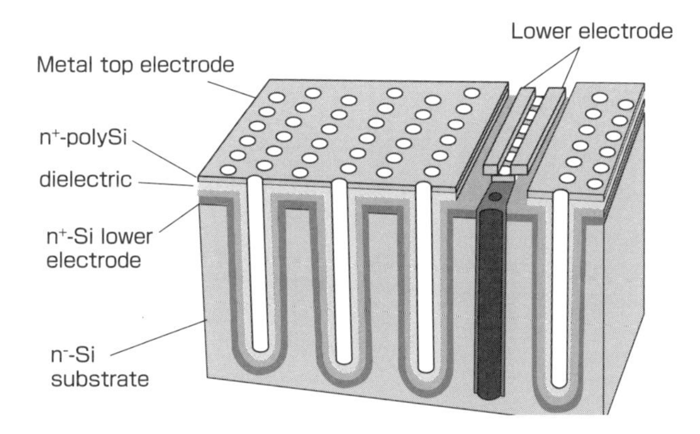

〔出典:JEITA 第10版 電子部品技術ロードマップ、P268〕

61 インテリジェントモジュール

アンテナインパッケージ（A-i-P）

5G技術がモバイル通信の高速化とクラウドのAI化、IoTの進化・活用等につながりました。IoTのエッジコンピューティングでは、多様なニーズに対応できる電子実装技術の即応性が要求され、より小型で多機能かつ効率的な複合機能を有するモジュールの開発が必要となっています。このようなインテリジェントモジュールの実現には、5G通信技術とAI等で必要なデータを高速に抽出するための回路が必要となり、実現には部品内蔵技術等の高集積実装技術が有効と考えられています。

5Gミリ波通信を実現するためには、アンテナインパッケージ（A-i-P）が重要です（**図1**）。これは、アンテナ素子を構成する低温焼成多層セラミックス基板（LTCC）や液晶ポリマベース等の低損失有機樹脂技術、アンテナで捉えた微小信号をRFチップへ伝えるためのウエハレベルパッケージ（WLP）、ガラスサブストレート等の技術に支えられています。

なお、収集データのエッジコンピューティング処理で有効となる部品内蔵モジュールについては、各社が技術発表していますが、その一例を**図2**に示します。この技術では、能動素子を基板に内蔵することで小型化効果を上げ、汎用性の高いチップ部品は、表層にはんだ接続します。プリント配線板とチップの接続にはビルドアップ法の銅めっきビアを採用しています。

エッジコンピューティングでの様々なニーズへ柔軟に対応するために、IEC-TC91-WG6国内委員会を中心に部品内蔵技術の国際標準化が進められています。また、IEC62878-2-600シリーズとして三次元電子モジュールに関する規格も提唱されています。**図3**は、その規格によりAIエッジインテリジェントモジュールを設計・試作したものです。これはFPGAやセンサモジュールなどを基板に部品内蔵したものを積層したものです。

要点BOX
- 5G通信に応えるアンテナインパッケージ技術
- インテリジェントモジュールを支える部品内蔵技術

図1　アンテナ集積技術の高度化動向

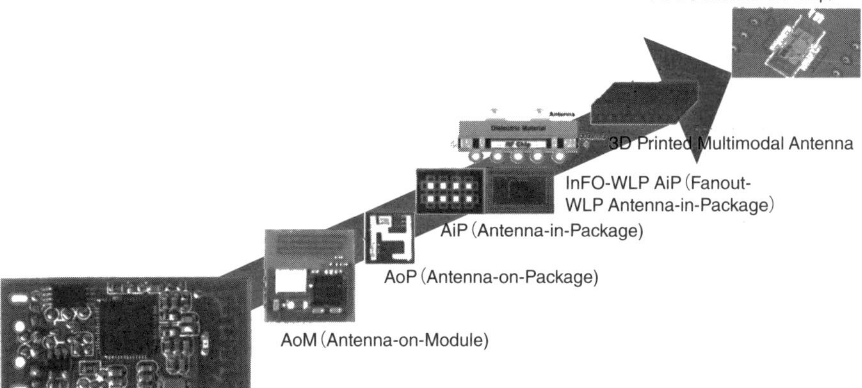

〔出典:配線板製造技術委員会;エレクトロニクス実装学会誌,Vol.24,No.1,pp.23,図9(2021)〕

図2　樹脂系へのICチップ内蔵基板の例

SESUB(セミコンダクタエンベッデドサブストレート)

受動部品
導体(Cu)
レジスト
総厚0.3mm
導体(Cu)
樹脂
サーマル・ビアホール　ICチップ(50μm厚)　はんだ　レジスト

Features;
1.Miniaturized Module can be realized
2.Thinner Module
3.Strong against Noise
4.High Reliabillity
5.High elasticity
6.High Thermal Resistance

◆IC内蔵基板の断面を見ると、高さは受動部品によって決まっていることがわかる。
◆機能パッケージの低背化のためには、受動部品の低背化が不可欠である。
◆ICチップは、10μm程度まで薄化することが可能である。

〔出典:配線板製造技術委員会;エレクトロニクス実装学会誌,Vol.20, No.6,pp.408,図4(2017)〕

図3　AIエッジ用インテリジェントモジュール試作品写真

〔出典:部品内蔵技術委員会;エレクトロニクス実装学会誌,Vol.25,No.1,pp.63,図6(2022)〕

62 立体回路形成技術

積層造形法(AM)と立体的インクジェットとMID

立体回路形成技術として、アディティブマニュファクチャリング（AM）、インクジェット(IJ)印刷とMIDを説明します。

AMは積層造形法とも言われ、その代表は3Dプリンタで、三次元CADデータを使って物体を三次元的に造形する技術です。利点は、コンピュータで設計した形状を金型なしで直接成形できる、少量多品種製造が可能、複雑な形状の部材への対応が容易、等です。これには樹脂または金属材料を使うものがあります。**図1**は、電子モジュールの封止にこの技術を適用した例で、集光したレーザビームで光硬化樹脂を段階的に硬化、積層して電子部品を内蔵したマイクロチップポンプです。

金属AMでは金属粉末を電子ビームやレーザビームで溶融して積層していく方法が一般的です。ジェットエンジン用TiAl合金製タービン翼や、Ni基合金製燃料噴射ノズル、自動車関連では試作用部品の作製、医療関連ではTi合金製インプラント材等、多方面の構造材作製に応用されています。

立体的IJ印刷技術は、銀インクなどを用い、造形物などの表面に立体仕様のIJプリンタで回路を形成するもので、センサ、自動車、ヘルスケア用の伸縮可能材料へも応用されています。**図2**は、特殊な全方向IJ法で立体対象物表面に形成された、銀配線パターンの事例です。**図3**は、電子部品を3Dプリンタで樹脂中に埋設した後、IJ印刷で部品間接続する回路を形成した事例です。

MID(Molded Interconnect Device)は表面に導体を設けた射出成形品で、携帯通信機のアンテナをはじめ、多くの用途で利用されています。**図4**に示したLDS法が、最も汎用的に用いられているMID工法です。表面で部分的に活性化された触媒上に無電解銅めっきを析出させて回路パターンを形成するもので、アディティブ法とも言われています。

要点BOX
- 3Dプリンタとインクジェット印刷を組み合わせた部品内蔵成型
- 立体対象物にも印刷形成できる

図1　3Dプリンティングで電子部品を内蔵したマイクロチップポンプ

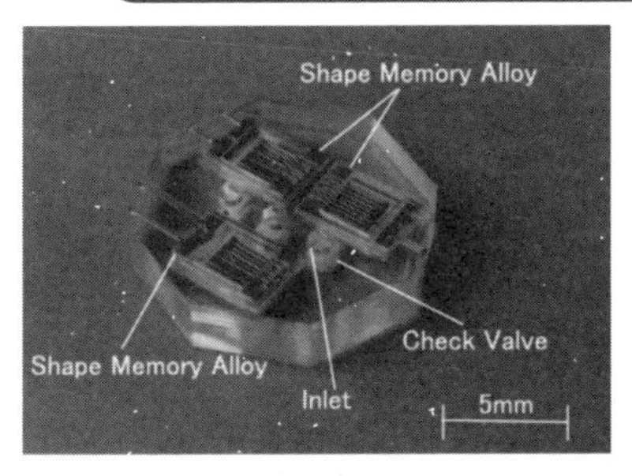

光硬化樹脂に集光した紫外レーザビームを走査して照射し、段階的に硬化（光造形法）して造形物を作製。透明樹脂造形物の内部に,形状記憶合金アクチュエータやシリコーン樹脂製マイクロバルブなど複数の部品が内包されている。

〔出典:丸尾昭二、エレクトロニクス実装学会誌　2020年23巻6号 p. 452-458〕

図2　立体物表面に全方向インクジェット法で形成した銀配線パターンと電子回路(LED・はんだ実装)

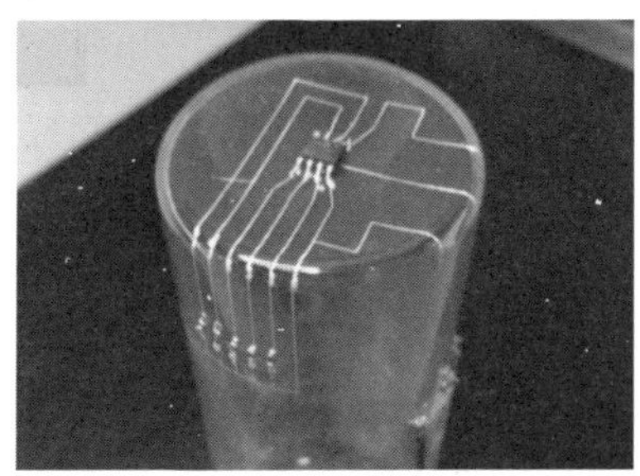

全方向IJ法は、ヘッドの方向を自由に動かし、インクを対象物のどの部分にも印刷可能としたもの。配線幅 300 μm の銀配線が面の方向に関係なく明瞭に形成できている。

〔出典:時任静士、増市幹雄、佐藤信行;エレクトロニクス実装学会誌　Vol. 23 No. 6(2020)　P459〕

図3　①3Dプリント → ②インクジェット印刷で作製された樹脂成型品

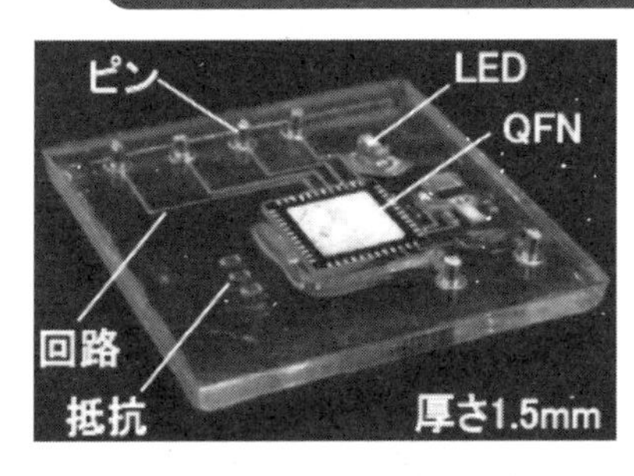

①3Dプリント：固定した部品上にUV光を照射して樹脂を硬化させる工程を必要回数繰り返すことで電子部品を樹脂成形品内に埋設する。
②インクジェット印刷：部品固定したフィルムを剥がし、その面にナノ銀インクをIJ印刷することで回路形成

〔出典:川井若浩、エレクトロニクス実装学会誌,2020年23巻 6 号 p. 465-470〕

図4　LDS(Laser Direct Structuring)法のプロセス

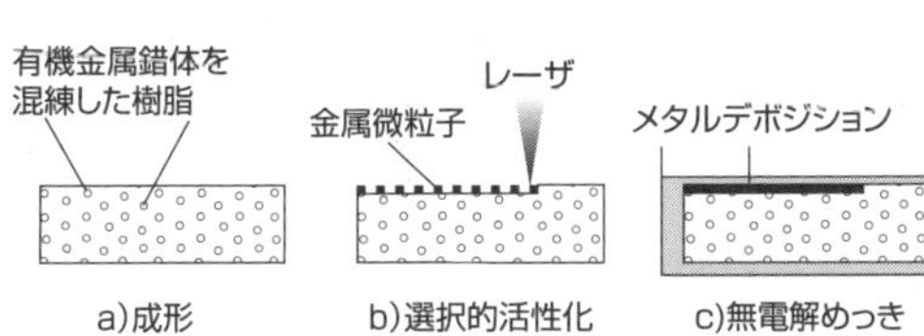

a)成形　有機金属錯体を混練した樹脂を成形
b)選択的活性化　表面の金属化したい部分に、レーザ光（通常波長 1 μm 程度）を照射し、a)の有機金属錯体を金属微粒子に改質（活性化）。
c)無電解めっき　無電解めっきを施すと、b)で活性化された部分のみに析出を生じ選択的に金属化

〔出典:新野俊樹、エレクトロニクス実装学会誌　Vol. 20 No. 6(2017) 387〕

Column

はたしてオンプレミスか、クラウドか？

オンプレミスかクラウドか？いきなりカタカナ英語の羅列となってしまいましたが、ここで、企業で利用するシステム構築を行うにあたり、必要なサーバ機器を自社で導入して自社で運用するか、インターネットを通じて他社のクラウド・サービスを利用するかを迷っている、というわけではありません。実は、自宅PCの利用ソフトウェア・サポート対象期間が終了し、新版の購入が必要になったのですが、買い切り契約での購入とするのがよいのか、サブスクとして月額利用料で利用がよいのかで、悩んでいました。

企業活動では、従来利用するソフトウェアは、自社でサーバ機器を導入し、専任の管理者が運用するのが常識でした。最近は人手不足などで、専任の管理者のアサインも難しく、製品製造の中枢に使われる専用機器でもなければ、他社が運営しているクラウドを活用した月額支払いによる利用が一般的となっています。外部のクラウドを利用することで、セキュリティ上の問題も回避でき、最新版のソフトウェアが利用できる、また利用規模の変動に応じたシステム性能の調整が契約変更により容易に可能になる等、メリットが大きいそうです。

最近、自宅では聴かなくなったアナログ・レコードプレーヤ、オーディオプリメイン・アンプとアナログレコードの処分を行いました。これまでなら、聴きたい音楽はレコード、CD等でコレクションして保管していましたが、スペースの限られる自宅では、保管もままならない状況となっています。今ではサブスクリプション契約等で、どのような音楽でも、ビデオでも検索して視聴できるようになり、自宅でのコレクションは流行らないのだそうです。サブスクで時代やジャンルを超えた音楽やビデオの視聴ができるようになりました。

さて、自宅PCの事務処理ソフトが更新時期を迎え、「買い切り・モデル」での購入とするか、「サブスクリプション・モデル」として利用料金を払い続けるかを決めないといけません。最近では、ソフトウェアや音楽だけでなく、洋服や食べ物までもサブスクリプション・モデルのビジネスがあるそうです。いつまでも同じモノを大切に保管・管理するのではなく、常に新しい機能・情報をサステナブルに活用し続けるという時代なのでしょう。今回は、時代の流れにのって、サブスク・モデルに挑戦してみたいと思います。

これからの実装技術

63 光信号伝送

高速信号伝送は電気に代わって光信号伝送に期待

6項で説明した実装階層において、ラック筐体間は伝送距離が長くなり、高速なデータ通信では損失が大きく電気信号では対応が難しいため、光信号伝送が使われます。また、8項で説明したサーバ・データセンタや、産業分野でも利用が進むスーパーコンピュータでは、多数の計算機がネットワークで接続されて並列処理が行われています。このような大規模システムの性能向上のためには、計算機単独の演算性能だけではなく、ネットワーク性能の向上が重要となっています。

図1は、光回路実装技術のロードマップです。挿抜可能(Pluggable)な光トランシーバモジュールは、フロントパネルから筐体内のICに近い場所まで延長され、電気配線が短くなっています(図2)。特に近年では、シリコンフォトニクスによる光トランシーバの集積回路技術の進化により、インターコネクションという実装形態の開発が注目されています。

ICは電気信号で動作・通信しているため、プリント配線板でも電気信号を伝送します。これを光信号に変換するには、トランシーバと呼ばれる「電気信号と光信号の変換」をするモジュールが必要となります。また、光ファイバを基板にどのように実装するかが重要なポイントです。図3は、オンボード光モジュールの電気インターフェイスですが、大別して光モジュールの交換が可能な電気プラガブルタイプと、交換できないはんだ実装タイプがあります。実用化を考えて、伝送特性、放熱の課題、コスト、挿抜可能かどうかを含めて、進化が期待されています。今後はICだけではなく、パッケージやボードまで含めて、電気と光の協調設計が重要となります。また、基板設計環境には、電気回路に加えて、光回路や光学設計を取り扱えるようになることが望まれています。

要点BOX

- ●光トランシーバモジュールは、フロントパネルから筐体内のICに近い場所まで延長されている
- ●パッケージ基板に光トランシーバが実装される

図1　光回路実装技術のロードマップ

項目		2014	2017	2020	2023~
技術潮流（アプリサイド）	データセンタ(DC)【ネットワーク】	Top of Rack(ToR)【Tree】	End of Row(EoR)【Leaf/Spine】	Centralized【Full-mesh】	
	HPC(Performance)	~50 Peta Flops	~500 Peta Flops	>1Exsa Flops	
課題、要求 システム	I/F大容量、高密度化(SW-LSI容量)	~2Tbps	~13Tbps	20~100Tbps	
	HPC電力効率仕様【I/O電力】	~5G Flops/Watt【10pJ/bit】	~25G Flops/Watt【5pJ/bit】	~50G Flops/Watt【0.5pJ/bit】	
標準化 MSA動向	通信(Ethernet)	40G/100GbE	400GbE 50G/200GbE	(800Gb-1TbE)	
	Form Factor MSA	QSFP CXP CFP4	CDFP u-QSFP	CFP8 QSFP-DD OSFP COBO	New SFF OE-hybrid PCB
光インターコネクション形態の変遷	phase 1	ボードエッジ実装(AOC,光TRv)[小型・高密度、高速化、長距離化]			
	phase 2		LSI近傍実装(オンボード光モジュール)[小型・高密度、低電力化]		
	phase 3			OE集積パッケージ、光電気混載基板[チップレベル光I/O、高密度光配線]	

〔出典:那須秀行,松岡康信,松原孝宏;エレクトロニクス実装学会誌,Vol.21,No.6,pp.542(2018)〕

図2　光インターコネクションの実装構造

(a)Front-panel pluggable

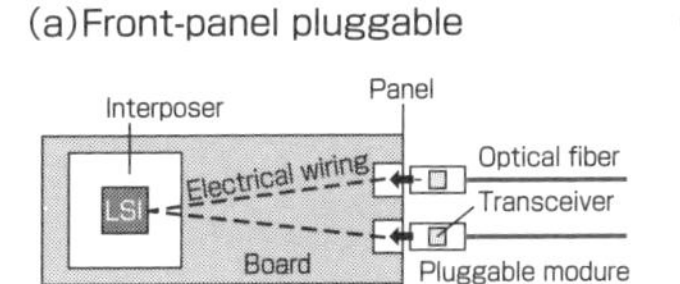

フロントパネルのソケットに光トランシーバモジュールが挿入されている

(b)On-board optics

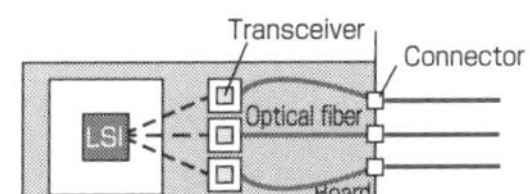

光トランシーバ機能をフロントパネルから筐体内へ導入し、電気配線をより短く、LSI により近い場所で電気信号と光信号の変換をする

(c)Co-packaged optics

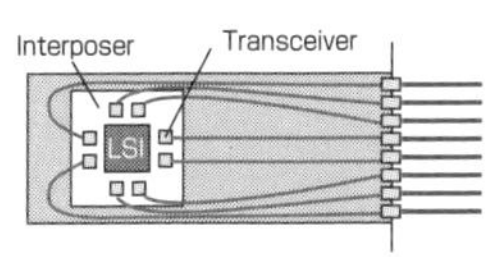

光モジュールをさらにホストLSI へ近づけ、ホストLSI と同じパッケージへ集積化した実装形態

〔出典:竹村浩一;エレクトロニクス実装学会誌,Vol.25,No.5,pp.418(2022)〕

図3　オンボード光モジュールの電気インターフェイスと実装形態

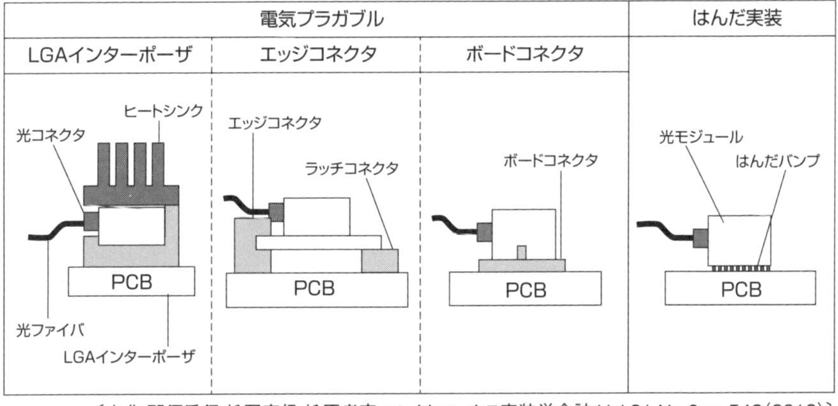

〔出典:那須秀行,松岡康信,松原孝宏;エレクトロニクス実装学会誌,Vol.21,No.6,pp.542(2018)〕

64 NTTが狙うIOWN構想

近年、その重要性が高まっている「デジタルトランスフォーメーション（DX）」と、生活に深く関わり始めてきた「人工知能（AI）」ですが、情報通信量の増大と、IT機器の消費電力が課題となっています（図1）。2025年の社会で扱う情報量は、2006年比で約200倍になると推計、これに伴いIT機器の台数は増加し、その消費電力量が急増すると考えられています。これらの課題に対して、総務省では2018年度から5Tbps級光伝送用信号処理技術、マルチコアファイバ光伝送技術、高効率光アクセス技術等の基盤技術の研究開発を促進しています（図2）。

NTT（日本電信電話株式会社）は、新たな情報通信基盤を実現する「IOWN構想」を推進するために、IOWN Global Forumを、インテル、ソニーとともに米国に設立。2022年4月時点で日本企業を含む96団体が参画しています。IOWNは、光伝送装置や半導体を含め、オールフォトニクス・ネットワークの実現を目指しています。光電融合デバイスを使うことで、低消費電力（電力効率100倍）、大容量・高品質（伝送容量125倍）、低遅延（遅延1／200）の実現を目標としています。

2023年3月、NTTグループは世界に先駆けて通信インフラの常識を変える次世代の通信サービスである超低遅延の専用線「APN（All Photonics Network）サービス」を商用化しました。通信速度100Gbpsの専用線サービスで、遅延に厳しい遠隔手術や自動運転といったアプリケーションのほか、データセンタ間接続などの需要を見込んでいます。

また、2023年度、小型化・低消費電力化した光電融合デバイスを商用化し、さらに2025年度にはボード間接続用の光電融合デバイス、2029年度にはチップ間接続向けのデバイスを商用化、2030年度以降はCPU等、チップ内まで光化させる計画のようです。

IOWNは、オールフォトニクス・ネットワーク

要点BOX
- IOWNは、電力効率100倍、伝送容量125倍、エンド・ツー・エンド遅延1/200が目標
- IOWNは通信速度100Gbpsの専用線サービス

図1　情報通信量とIT機器消費電力の推移予測

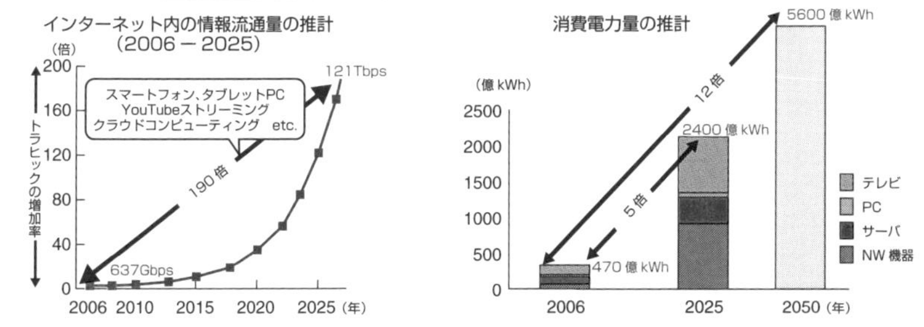

〔出典:経産省, グリーンITイニシアティブ会議資料より〕

図2　革新的光ネットワーク技術のイメージ

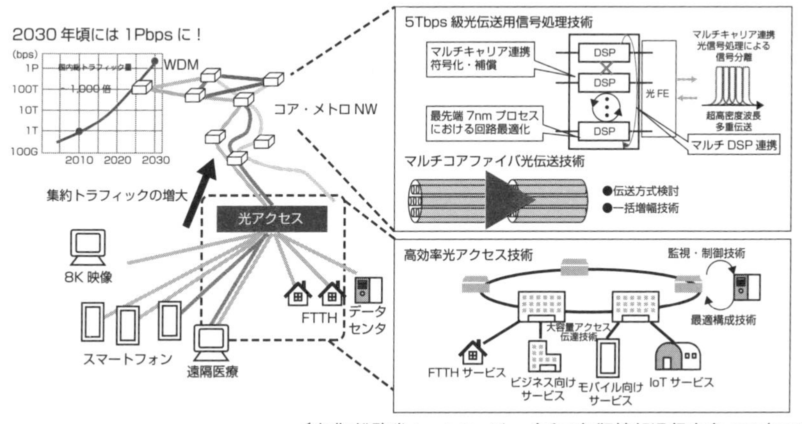

〔出典:総務省ホームページ，令和3年版情報通信白書,423(2021)〕

図3　IOWNの主な要素技術と展開

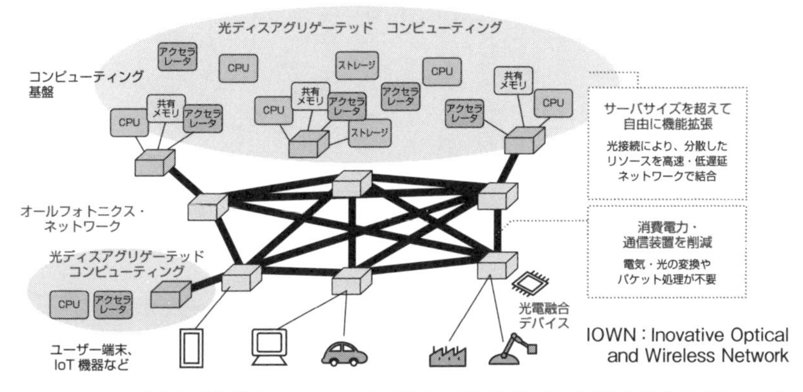

〔出典:総務省ホームページ, 電気通信市場検証会議(第29回)会議資料, 資料29―5〕

65 実装基板の新検査技術

電気信号を用いた検査、画像処理を用いた検査

プリント配線板には、数多くの電子部品が実装されていますので、実装基板の検査は非常に重要です。検査には電気信号を用いた検査（電気検査（ICT）、機能検査（FCT）、JTAGテスト）と、カメラ画像を用いた検査があります（図1）。1つの検査で完全に検査するのは難しく、複数の検査を組み合わせて実施する等、工夫されています（図2）。外観検査（AOI）の特徴は、接合部とはんだフィレットの状態、チップ部品の実装状態、異物の付着等が自動的に診断できることです。2DのAOIでは、部品の浮きや傾きなど高さ方向の不良検出が苦手でしたが、3DのAOIにより、不良検出精度が向上しました。画像検査では、不良見逃しの低減、厳しく見過ぎるための虚報率を低減するために、照明技術やモアレ技術、AI技術の活用が進んでいます。なお、カメラ画像で検査する手法では、BGA部品のはんだボールが撮影できません。これを補ってくれるのが、X線検査（AXI）です。電子機器の小型化が進み、BGA部品のボールピッチが1.0㎜から0.8㎜、0.5㎜、0.4㎜と年々狭くなり、実装が難しくなっています。X線検査は、観察が困難なBGA下部のはんだボールを非破壊で可視化することができます（図3）。また X線検査には、高速な透視検査と、対象物の断層画像を取得できるCT検査があります。

1990年にQFPとBGA部品を含む実装基板のテスト手法として、「IEEE 1149.1」で規格化され JTAGテストが誕生しました。現在では多くの部品メーカーがJTAGテストに準拠した部品を供給しているため、一般的なテスト方法の1つとなりました（図4）。JTAGテストを導入して成功している企業では、検査部門のみで運用するのではなく、開発部門と協力して回路設計のデザインレビュー段階でJTAGテストのカバレッジを評価する「テスト容易化設計（DFT）」を実践しています。

要点BOX

- ●電気信号を用いた検査（ICT、FCT、JTAGテスト）とカメラ画像を用いた検査がある
- ●BGAには、JTAGテストとX線検査が有効

図1　実装基板の主な検査技術

電気信号を用いて検査

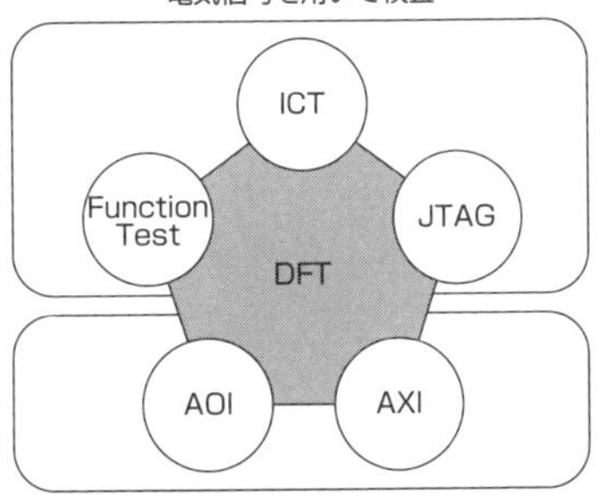

画像処理を用いて検査

AOI：Automated Optical Inspection：外観検査
AXI：Automated X-ray Inspection：X 線検査
DFT：Design For Testability：テスト容易化設計
FCT：Function Test：機能試験
ICT：In-Circuit Test：電気検査
JTAG：Joint Test Action Group：IEEE 1149.1

〔出典:野口健二;エレクトロニクス実装学会誌, Vol.25,No.1,pp.33(2022)〕

図2　課題検査と組み合わせ検査

		組み合わせる検査									
		ピンジグ【ベアボードテスト】	フライング【ベアボードテスト】	外観検査【AOI】	ピンジグ【ICT】	フライング【ICT】	X線透視検査	X線CT検査	目視検査	バウンダリスキャン【JTAGテスト】	ファンクションテスト
課題のある検査	ピンジグ【ベアボードテスト】										
	フライング【ベアボードテスト】										
	外観検査【AOI】										
	ピンジグ【ICT】										
	フライング【ICT】										
	X線透視検査										
	X線CT検査										
	目視検査										
	バウンダリスキャン【JTAGテスト】										
	ファンクションテスト										

前工程 → 後工程

縦方向に「課題のある検査」、横方向に「組み合わせる検査」の構成となっており、該当数を右向きのバーで示している。外観検査に課題が多いのは、外観検査が多用されていることを示している。

〔出典:野口健二;エレクトロニクス実装学会誌, Vol.25,No.1,pp.33(2022)〕

図3　3次元X線の画像

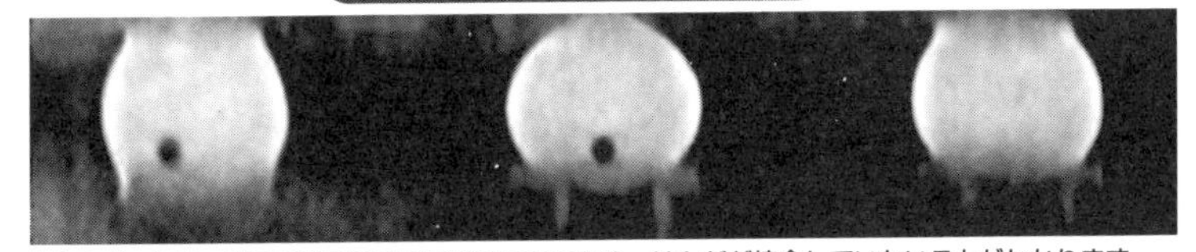

中央のボールは、部品の端子のまま球状に見えるため、はんだが接合していないことがわかります。

〔出典:谷口正純;図研、Club-Z、技術情報コラム「試作基板のデバッグとテストの改善策」より〕

図4　JTAGテストによるBGA実装基板の不良検出例

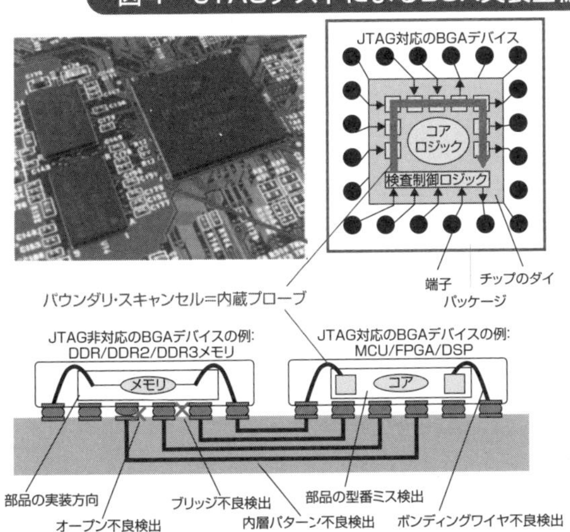

〔出典:谷口正純;図研、Club-Z、技術情報コラム「試作基板のデバッグとテストの改善策」より〕

66 チップレット標準化の動向

UCIeコンソーシアム

12項で紹介したチップレットの普及には、標準化が必要です。海外のいくつかの団体がアライアンスを結成し、標準の作成を進めていましたが、2022年3月、新たにコンソーシアム「UCIe」が設立され、最初の仕様「UCIe 1.0」が公開されました。これを含め、公開されている主な標準仕様を表1にまとめました。

チップレットの標準化規格ができることで、複数のチップレットを組み合わせたSiPを開発する際に、設計と検証の手間を大幅に削減できることが期待されます。搭載するチップレットのうちの要所の1つだけを自社開発し、他のチップを他社調達して、カスタムSiPを開発できるようになります。

UCIe 1.0は、はコンピュータの拡張バスの仕様であるPCI Expressと、その上でCPUとメモリ等の間を高速接続するための技術仕様であるCXL（Compute Express Link）をベースにして策定された規格です。基本となる技術はIntelが開発し、権利を寄贈して、全メンバー企業の承認を得てUCIe 1.0として公開しました。

UCIeコンソーシアムでは、図1に挙げたような多種形態のパッケージ上でチップレットを相互接続させるためのルール作りを進め、カスタムSiP上でのチップレットの統合に向けた顧客の要求に対応していくとしています。チップやパッケージの物理的な仕様（接続の数、ピッチなど）や管理、セキュリティ等の標準仕様策定を予定しているそうです。それができれば、現在半導体メーカーやファウンドリが握っているチップレットに関するビジネスに携われる業者もOSATなどにまで拡張し、業界全体が活性化できると期待されます。2022年のUCIeには表2の12社が加入しており、さらなる団体の加入を求めています。今後は日本企業も参画し、標準づくりへ関与することも期待されます。

要点BOX
- ●チップレット普及には標準化が必要
- ●UCIeコンソーシアム等への日本企業の貢献に期待したい

表1　主なチップレット標準の比較

標準	XSR extra-short reach	BOW Bunch of Wires	AIB Advanced Interface Bus	UCIe Universal Chiplet Interconnect Express
アライアンス	OIF*	OPEN Compute	CHIPS ALLIANCE	UCIe
Data Rate(Gbps)	～112	4	6	4～32
プロトコル	not defined	not defined	not defined	PCIe,CXL

(*)The Optical Internetworking Folum:光通信用シリアル方式のフォーラム

図1　UCIeで対象としている主なチップレットの形態

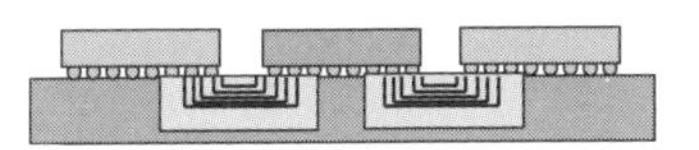

EMIBタイプ
サブストレートに埋め込まれた
シリコンブリッジによる接続

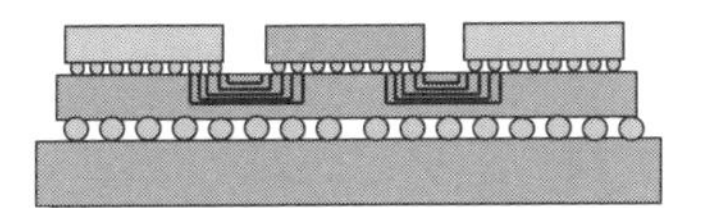

CoWoSタイプ
微細RDLインターポーザによる接続

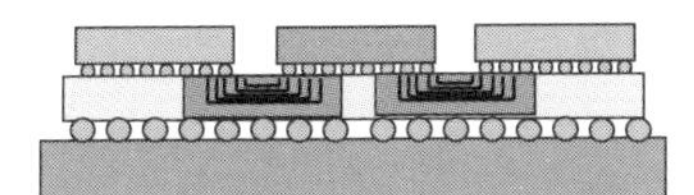

FOCoSタイプ
ファンアウトパッケージ内の
シリコンブリッジによる接続

表2　UCIeのメンバー　12社(2022年時点)

業種＼国	アメリカ	台湾	韓国	イギリス	中国
半導体 メーカー	Intel、AMD Qualcomm NVIDIA		Samsung Electronics		
ファウンドリ		TSMC			
設計IPベンダー				Arm	
IT事業者	Google Meta Platforms Microsoft				Alibaba
OSAT		ASE			

67 量子コンピュータと実装

量子ビットチップ実装基板

世界中で量子コンピュータに関する研究開発が盛んに行われています。表1に、量子コンピュータと従来のコンピュータを比較してまとめました。従来コンピュータの計算単位が「0か1かのいずれかの状態」しか取れず、膨大な計算量をこなすため時間が掛かるのに対し、量子コンピュータでは、量子ビットと呼ばれる「0か1の両方の状態」を利用して計算が行われますので、量子ビットを増やせば同時に多くの計算ができ高速化できます。量子コンピュータには現在実用化が近い「量子アニーリング方式」と「量子ゲート方式」がありますが、後者の実現にはまだ相当の課題があります。量子アニーリング（イジング）方式においても、用いるチップの量子ビット数を大きく増やす必要があり、従来コンピュータに対して優位とするには100万量子ビット級の大規模集積化が必要と言われています。

使用する量子ビットチップは図1のような超伝導材料（ニオブ）とシリコンを用いて作製され、計算時の量子ビットの状態を安定させるため、20mK（約マイナス273℃）以下の極低温に維持します。したがって、量子ビットチップを実装する基板等もすべて極低温環境中に投入されます。図2は、産総研において研究開発されている量子ビットチップ／インターポーザ／パッケージ基板の実装構造です。これらは全て室温と極低温間の熱膨張率を考慮してシリコンで作製されています。チップとインターポーザはフリップチップ接続されていますが、接合は超伝導材であるインジウム等が適しています。なお、この構造では、ブリッジがインターポーザ間を接続することで量子ビット数の拡大が可能となります。

量子ビットの状態は、配線におけるわずかな発熱によるノイズでも影響を受けて壊れる可能性があるため、部材間の熱伝導や配線構造に関しても検討が行われています。

要点BOX

●量子コンピュータで使われる量子ビットチップを実装したパッケージ基板が研究開発されている

表1 量子コンピュータと従来コンピュータの比較

	従来コンピュータ	量子コンピュータ	
		量子アニーリング(イジング)方式	量子ゲート方式
量子物理現象の利用	×	○	○
計算単位	スイッチのON/OFFによる「"0"か"1"かのいずれかの状態」(bit)	「粒子」や「波動」といった物理現象を利用した「"0"か"1"の両方の状態」これは量子物理学で説明される「重ね合わせ」と呼ばれる性質で量子ビット(quantum bit)と呼ばれる。	
計算量	計算量を増やすためにbit数を指数関数的に増大(2^n)	量子ビットの数を増やすことによって、1回で計算できる組み合わせが増える。	
適用	広く普及 bit数を増やすため半導体の微細化	「組み合わせ最適化問題」を高速に解くことができる。実用化がはじまっている。	理論上、この世界の全てを計算できる万能のコンピュータ。実現には非常に多くの課題がある。
従来に対する優位性		×	○

図1 量子ビットチップの断面模式図

超伝導材料(M)としてNb，層間絶縁膜としてSiO_2を用い積層構造としている。
Nb/Al-AlOx/Nb のジョセフソン接合(JJ) がSi 基板上に作製されている。

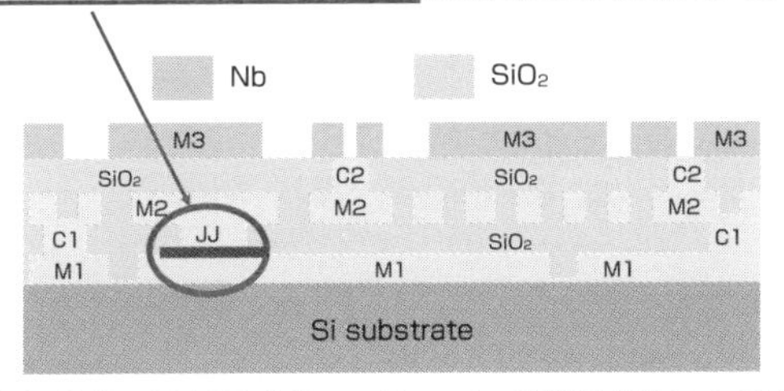

〔出典:川畑,日高,牧瀬,藤井,日置,浮辺,菊地;エレクトロニクス実装学会誌 Vol. 22 No. 6(2019) 535〕

図2 産総研が提案している量子ビットチップ/インターポーザ/パッケージ基板のQUIP構造

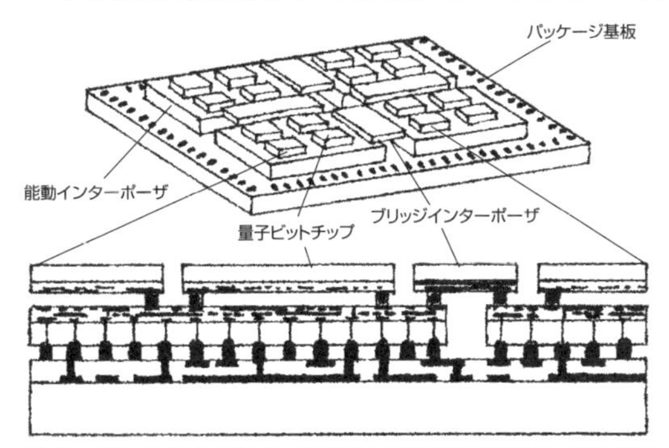

量子ビットチップ、能動インターポーザ、パッケージ基板、ブリッジインターポーザの材料は、室温と極低温間の熱膨張率を考慮して全て Si ウエハ

〔出典；川畑史郎,日高睦夫 ,牧瀬圭正,藤井剛,日置雅和,浮辺雅宏, 菊地克弥,エレクトロニクス実装学会誌 Vol. 22 No.6, 535 (2019)〕

長谷川 清久（はせがわ きよひさ）

1967年生まれ。1986年 岐阜県立大垣工業高等学校電子科卒業。同年イビデン㈱入社。
プリント配線板およびCOB基板、パッケージ基板設計、社内CAD/CAM開発業務に従事。
1994年イビテック㈱に転籍し、シミュレーション技術開発、高速・高周波設計技術開発、ノートPC、携帯電話、デジタルテレビ、プロジェクター、カーナビ、4G基地局向け設計技術開発、メモリモジュール／光電変換モジュール／SiP/Si-IP／三次元積層IC／部品内蔵基板設計技術開発を歴任。
2013年㈱図研に転職。3D-IC／部品内蔵基板／3D-MID/Additive Manufacturing向け設計技術／IoT向けモジュール設計環境構築業務に従事。国立研究開発法人新エネルギー・産業技術総合開発機構（NEDO）：次世代スマートデバイス開発プロジェクト、IoT推進のための横断技術開発プロジェクト、高効率・高速処理を可能とするAIチップ・次世代コンピューティングの技術開発プロジェクト、東京工業大学 WOWアライアンスに参加、現在に至る。
プリント配線板製造技能士（プリント配線板設計作業）1級技能士
著書：（共著）「トコトンやさしい半導体パッケージ実装と高密度実装の本」（日刊工業新聞社）2020年、（企画・編集）「Leafony解説本」2021年。
（NPO）サーキットネットワークIT担当
（一社）エレクトロニクス実装学会　理事歴任、ミッションエグゼクティブフェロー、回路・実装設計技術委員会／システム設計研究会幹事、カーエレクトロニクス研究会幹事、システムインテグレーション実装技術委員会／3D・チップレット研究会委員などを歴任。
第30回エレクトロニクス実装学会春季講演大会 講演大会優秀賞（2015年）

村井　曜（むらい　ひかり）

1955年生まれ。1978年東京都立大学工学部工業化学科卒業
1984年日立化成（現（株）レゾナック）入社
プリント配線板用の積層板材料の開発部に所属。汎用FR-4材料の開発に携わり、その後
1991年に半導体パッケージ用高TgFR-4材料を開発、フィラー入り高信頼性パッケージ材料、ハロゲンフリーFR-4材料、低熱膨張パッケージ基材等を開発。大手半導体メーカーで継続採用され、主力商品となる。2001年-2004年米国シリコンバレー駐在。
2015年総合研究所所長。2020年定年退職。
同年2020年NPO C-NET（サーキットネットワーク）メンバーに加入、現在に至る。

●著者略歴

髙木 清（たかぎ きよし）

1932年生まれ、1955年横浜国立大学工学部卒業。同年富士通㈱入社。電子材料、多層プリント配線板技術の研究開発に従事。1989年古河電気工業㈱、㈱ADEKAの顧問を歴任、1994年高木技術士事務所を開設、プリント配線板関連技術のコンサルタントとして現在に至る。
1971年技術士（電気電子部門）登録。㈳プリント回路学会（現、（一社）エレクトロニクス実装学会）理事、（一社）日本電子回路工業会JIS原案作成委員などを歴任。
2011年（平成23年）（一社）エレクトロニクス実装学会、学会賞（平成22年度）受賞。
同学会名誉会員。よこはま高度実装コンソーシアム顧問、NPO法人サーキットネットワーク名誉顧問、（公社）化学工学会エレクトロニクス部会監事、表協エレクトロニクス部会監事。
著書：「多層プリント配線板製造技術」1993年、「ビルドアップ多層プリント配線板技術」2000年、「よくわかるプリント配線板のできるまで（3版）」2011年、「トコトンやさしいプリント配線板の本」2012年。
共著：「トコトンやさしい半導体パッケージ実装と高密度実装の本」2020年、「トコトンやさしいプリント配線板の本 第2版」2018年、「プリント回路技術用語辞典（3版）」2010年、「入門プリント基板の回路設計ノート」2009年、「プリント板と実装技術・キーテーマ＆キーワードのすべて」2005年。（以上、いずれも、日刊工業新聞社刊）。

大久保 利一（おおくぼ としかず）

1957年生まれ。1980年大阪大学工学部卒業。1982年大阪大学大学院工学研究科修士課程修了。同年日本鉱業（株）（現、JX金属（株））入社。
1999年までリードフレーム、銅箔、プリント配線板、MCM、BGA等電子回路基板の製造技術（主にめっき技術）に関する研究開発に従事。その間、1987～8年Case Western Reserve University（Cleveland OH,USA）で研究活動。
1999年凸版印刷（株）に移籍し、引き続き電子回路基板の製造技術（主にめっき技術）に関する研究開発に従事。2022年定年退職。この間、大阪府大の社会人ドクターコースに入り2007年に博士（工学）を取得。また、2008～2013年には、ASETドリームチッププロジェクトに参加。
著書（共著）：近藤和夫編著「初歩から学ぶ微小めっき技術」第5章−2（工業調査会）2004年、「トコトンやさしいプリント配線板の本 第2版」（日刊工業新聞社）2018年、「トコトンやさしい半導体パッケージ実装と高密度実装の本」（日刊工業新聞社）2020年。
委員：NPO法人サーキットネットワーク理事　事務局長

山内 仁（やまうち じん）

1960年生まれ。
1982年　早稲田大学電子通信学科卒業。
1982年　富士通㈱入社。中小型コンピュータ中央処理装置向けCMOS LSI試験回路仕様策定およびLSI機能・特性試験技術開発に従事。
1993年　中小型コンピュータ向けMCM試験技術開発、ワークステーション向けMCM開発に従事。
1996年　プリント基板事業部にて、プリント基板製品の顧客技術サポートおよび、パソコン向けMCM開発に従事。
2002年　富士通インターコネクトテクノロジーズ㈱（現FICT㈱）へ異動。半導体パッケージや多層基板向け技術営業、事業戦略グループにて、マーケティングおよび新規ビジネス事業戦略グループにて、マーケティングおよび新規ビジネス開発を歴任し、2022年退職。同年、NPO法人サーキットネットワークIT担当として現在に至る。
著書（共著）：「トコトンやさしいプリント配線板の本 第2版」（日刊工業新聞社）2018年、「トコトンやさしい半導体パッケージ実装と高密度実装の本」（日刊工業新聞社）2020年。
委員：（一社）日本電子回路工業会　統合規格部会幹事として、部品内蔵電子回路基板規格（JPCA-EB01、JPCA-EB02）、電子回路基板規格（JPCA-UB01）、電子回路基板用語（JPCA-TD02）の規格策定に参加。
（一社）エレクトロニクス実装学会理事、学会誌編集委員、部品内蔵技術委員会副委員長、次世代配線板研究会幹事を歴任。

今日からモノ知りシリーズ
トコトンやさしい
半導体パッケージと
プリント配線板の材料の本

NDC 549

2023年 6月 5日　初版1刷発行

©著者　高木 清・大久保 利一・山内 仁・
長谷川 清久・村井 曜
発行者　井水 治博
発行所　日刊工業新聞社
東京都中央区日本橋小網町14-1
（郵便番号103-8548）
電話　書籍編集部　03（5644）7490
販売・管理部　03（5644）7410
FAX　03（5644）7400
振替口座　00190-2-186076
URL　https://pub.nikkan.co.jp/
e-mail　info@media.nikkan.co.jp
印刷・製本　新日本印刷（株）

●DESIGN STAFF
AD――――志岐滋行
表紙イラスト――――黒崎　玄
本文イラスト――――小島サエキチ
ブック・デザイン――大山陽子
（志岐デザイン事務所）

●
落丁・乱丁本はお取り替えいたします。
2023 Printed in Japan
ISBN　978-4-526-08281-8 C3034